WERKSTATTBÜCHER

FÜR BETRIEBSANGESTELLTE, KONSTRUKTEURE UND FACHARBEITER. HERAUSGEGEBEN VON DR.-ING. H. HAAKE, HAMBURG

Jedes Heft 50—70 Seiten stark, mit zahlreichen Abbildungen

Die Werkstattbücher behandeln das Gesamtgebiet der Werkstattstechnik in kurzen selbständigen Einzeldarstellungen: anerkannte Fachleute und tüchtige Praktiker bieten hier das Beste aus ihrem Arbeitsfeld, um ihre Fachgenossen schnell und gründlich in die Betriebspraxis einzuführen.

Die Werkstattbücher stehen wissenschaftlich und betriebstechnisch auf der Höhe, sind dabei aber im besten Sinne gemeinverständlich, so daß alle im Betrieb und auch im Büro Tätigen, vom vorwärtsstrebenden Facharbeiter bis zum leitenden Ingenieur, Nutzen aus ihnen ziehen können.

Indem die Sammlung so den Einzelnen zu fördern sucht, wird sie dem Betrieb als Ganzem nutzen und damit auch der deutschen technischen Arbeit im Wettbewerb der Völker.

Einteilung der bisher erschienenen Hefte nach Fachgebieten

(Fortsetzung 3. Umschlagseite)

WERKSTATTBÜCHER

FÜR BETRIEBSANGESTELLTE, KONSTRUKTEURE UND FACH-
ARBEITER. HERAUSGEBER DR.-ING. H. HAAKE, HAMBURG

HEFT 83

Werkzeugeinrichtungen auf Einspindelautomaten

Von

Fritz Petzoldt

Oberingenieur, Birmingham

Zweite Auflage
(7. bis 12. Tausend)

Mit 135 Abbildungen

Springer-Verlag Berlin Heidelberg GmbH
1953

Inhaltsverzeichnis.

ISBN 978-3-540-01762-2   ISBN 978-3-642-88699-7 (eBook)
DOI 10.1007/978-3-642-88699-7

Vorwort.

Beim Einsatz von Automaten ist der durch die Konstruktion bestimmte Arbeitsbereich als festliegende Tatsache gegeben. Es bleibt dem Betrieb aber die Möglichkeit, eine gute wirtschaftliche Ausnutzung und oft auch eine gesteigerte Leistung durch richtige und zweckentsprechende Ausbildung der Werkzeugeinrichtung zu erreichen. Diese setzt neben guter Erfahrung in der Dreherei auch eine weitreichende Kenntnis der Automatenwerkzeuge und Zusatzeinrichtungen sowie deren Anwendungsmöglichkeiten voraus.

Die Beschreibung der Maschinenkonstruktion in den wichtigsten Einzelheiten des Getriebes, des Steuerungssystems sowie der Baumaße und Betätigung der Werkzeugschlitten, ebenso wie die Anleitung zur Auslegung und Berechnung der Kurven konnten in dieser Schrift nicht behandelt werden. Diese Dinge gehören in die Betriebsanleitung, die zu jeder Maschine vom Hersteller mitgeliefert wird[1].

Meistens wird der Automat mit einer Werkzeugeinrichtung für ein vom Kunden bestimmtes Arbeitsstück geliefert. Für alle weiteren Fertigungsaufgaben muß jedoch meist der Betrieb die Werkzeuge selbst entwerfen und anfertigen. Für diese Aufgaben fehlt es heute häufig an geeigneten Fachkräften mit umfassender Erfahrung.

Es wird daher für den Werkzeugkonstrukteur und den Betriebsmann von Nutzen sein, durch eine Sammlung von ausgeführten Werkzeugeinrichtungen auf den gebräuchlichsten Automaten für weitere Fälle Anregungen zu erhalten.

Denjenigen Herstellerfirmen, welche freundlicherweise Zeichnungsunterlagen und Bilder zur Verfügung stellten, sei auch hier Dank ausgesprochen.

I. Grundsätzliches über Konstruktion und Verwendung der Automaten.

1. Revolverdrehbank und Automat. Die selbsttätigen Drehbänke, im allgemeinen kurz Automaten genannt, sind in ihren Grundformen von der Drehbank bzw. Revolverdrehbank abgeleitet. Gegenüber der großen Vielseitigkeit im Anwendungsbereich der Revolverdrehbank mußte bei den Automaten eine weitgehende Spezialisierung der einzelnen Bauarten auf bestimmte Arbeitsgebiete eintreten. Beispielsweise ist es bei einer mittleren Revolverbank für Stangenarbeit ohne große Umstellung möglich, auch verschiedenartigste Futterarbeiten auszuführen. Dabei kann die Art des Spannens beliebig den Werkstücken angepaßt sein und von Hand, durch Preßluft oder Elektrospanner betätigt werden. Besonders lange Bolzen oder Wellen können beim Bearbeiten durch eine zusätzliche Gegenspitze abgestützt werden. Ferner ist es möglich, mehrere Werkzeuge nacheinander austauschbar im gleichen Werkzeugloch anzuordnen, falls sehr viele Arbeitsgänge durchgeführt werden müssen. Lange Wege der Arbeitsschlitten gestatten auch die Bearbeitung sperriger Werkstücke mit lang vorstehenden Werkzeugen. Eine meist über den ganzen Drehzahlbereich schaltbare Spindeldrehzahlreihe gestattet beliebig die jeweils wirtschaftlichste Schnittgeschwindigkeit einzustellen. Ebenso ist der richtige Vorschub für jede Arbeitsstufe bequem einzuschalten.

Demgegenüber muß der Automat bei der Konstruktion von vornherein auf einen bestimmten Arbeitsbereich festgelegt werden. Dabei muß an den Ab-

---

[1] Vgl. auch Werkstattbuch Heft 81 „Die wirtschaftliche Verwendung der Einspindelautomaten".

messungen für die Leer- und Arbeitswege stets gespart werden, da sonst zu große Kurventrommeln, Übertragungshebel und Werkzeugschlitten erforderlich sind, was die Abmessungen der Maschine und auch die wirtschaftliche Leistung des Automaten ungünstig beeinflussen würde. Aus diesen Gründen erklärt sich auch die verhältnismäßig große Zahl der Automatentypen.

Die Aufteilung in verschiedene Arbeitsbereiche gibt dem Automaten gegenüber der Revolverbank den entscheidenden Vorzug der höheren Leistung und Wirtschaftlichkeit.

2. Konstruktive Ausbildung der Maschine. Die hohe Leistungsfähigkeit des Automaten wird im Aufbau der Maschine selbst durch folgende Maßnahmen erreicht:

Hohe Drehzahlen der Arbeitsspindel, in den notwendigen Grenzen schaltbar.

Gute Lagerung der Spindel, für hohe Dauerbeanspruchung geeignet.

Genügend große Anlauf- und Arbeitswege der Werkzeugschlitten.

Kurze Verlust- und Schaltzeiten.

Möglichst kräftige Ausbildung der Werkzeugträger, um auch schwerere Schnitte bei hohen Schnittgeschwindigkeiten zuzulassen.

3. Zweckmäßige Ausführung der Werkzeugeinrichtung. Die zweite Grundlage für die Leistung der Automaten besteht in folgenden Maßnahmen:

Richtiges Zusammenarbeiten mehrerer Werkzeuge.

Schrupp- und Schlichtwerkzeuge müssen dabei getrennt arbeiten.

Zweckentsprechende Folge und Unterteilung der Arbeitsgänge.

Gute Abstützung der Werkzeughalter und der einzelnen Schneidstähle.

Reichliche Zuführung der notwendigen Kühlflüssigkeit und genügende Freiheit für die Späneabfuhr.

Für den richtigen Einsatz und die wirtschaftlichste Ausnutzung der Automaten ist in erster Linie der „Arbeitsraum" der Maschine ausschlaggebend. Es ist daher zweckmäßig, die Aufteilung des Stoffes zur besseren Übersicht des Anwendungsbereiches nach den Bauarten der Automaten vorzunehmen.

II. Form- und Schraubenautomaten.

A. Einfache Formautomaten.

4. Bauart und Verwendung. Als einfache Formautomaten sind solche zu bezeichnen, welche mit meist 3 Werkzeugträgern, 2 Querschlitten und 1 Bohrschlitten einfache Formteile ohne Gewinde herstellen können (s. Abb. 1).

Mit diesen billigen Maschinen lassen sich einfache Arbeitsstücke, wie in Abb. 2 dargestellt, sehr wirtschaftlich bearbeiten. Maschinen dieser Art sind fast ausschließlich Stangenautomaten. Die Werkzeuge sind dementsprechend einfach. Man

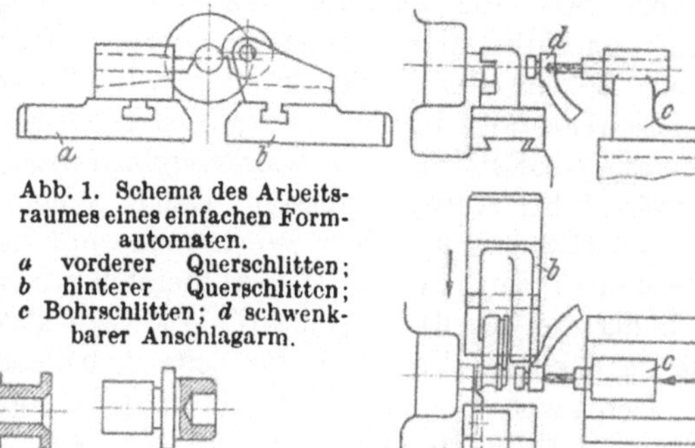

Abb. 1. Schema des Arbeitsraumes eines einfachen Formautomaten.
a vorderer Querschlitten; *b* hinterer Querschlitten; *c* Bohrschlitten; *d* schwenkbarer Anschlagarm.

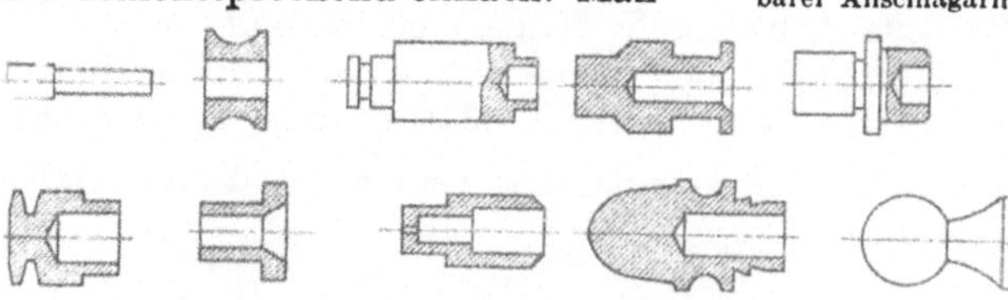

Abb. 2. Arbeitsmuster, welche auf einfachen Formautomaten nach Abb. 1 bzw. Abb. 16 hergestellt werden können.

kann mit den normalen Werkzeughaltern, die zur Ausstattung der Maschine gehören (Abb. 3), den größten Teil der vorkommenden Musterteile bearbeiten. Einer der Querschlitten dient stets zum Abstechen. Für diesen Schlitten kommen daher als weitere Arbeitsgänge nur noch Rändeln oder Vorstechen der Spitze des nächstfolgenden Arbeitsstückes in Frage. Das Rändelrädchen muß dabei tangential über den Werkstückdurchmesser rollen und dem Abstechstahl etwa um den Halbmesser des Teiles vorauseilen, damit das Rändeln beendet ist, bevor das Arbeitsstück zu weit vom Abstechstahl eingestochen wurde (Abb. 4).

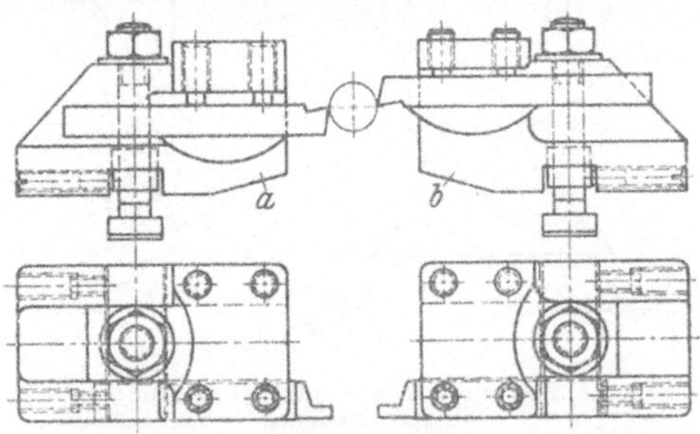

Abb. 3. Plandrehstahlhalter für je zwei Stähle.
a Stahlhalter für vorderen Querschlitten; *b* Stahlhalter
für hinteren Querschlitten.

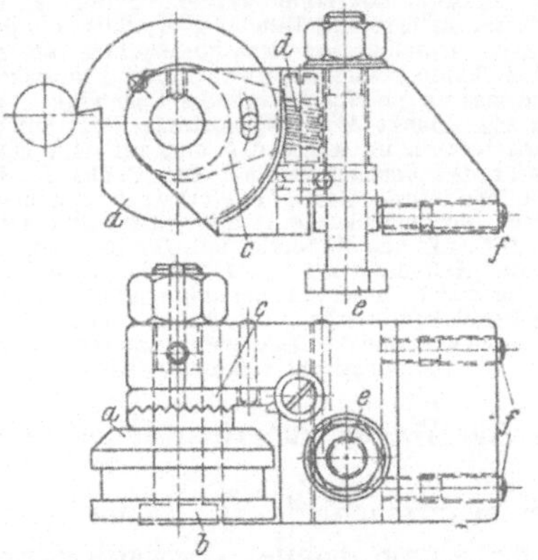

Abb. 5. Rundformstahlhalter.
a Rundformstahl; *b* Lagerzapfen; *c* Einstellhebel; *d* Einstellschnecke. Der Stahlhalter ist um die Befestigungsschraube *e* etwas schwenkbar. Durch die Schrauben *f* kann die Rundformstahlachse genau parallel zur Spindel eingestellt werden.

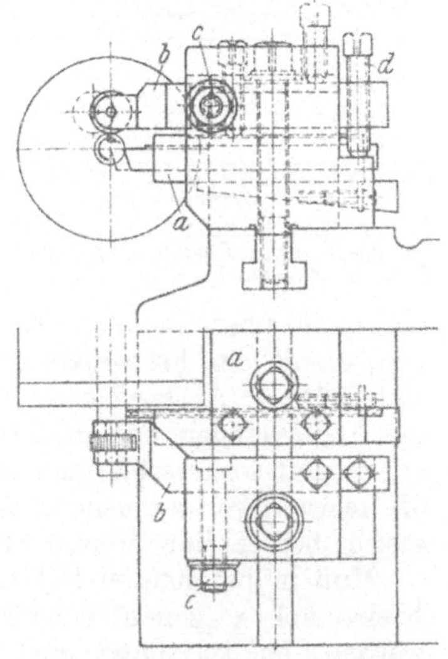

Abb. 4. Abstechstahlhalter mit Rändelhalter zusammenarbeitend.
a Abstechstahlhalter; *b* Rändelhalter schwingend um Zapfen *c*; die Rändeltiefe ist einstellbar durch Stellschraube *d*.

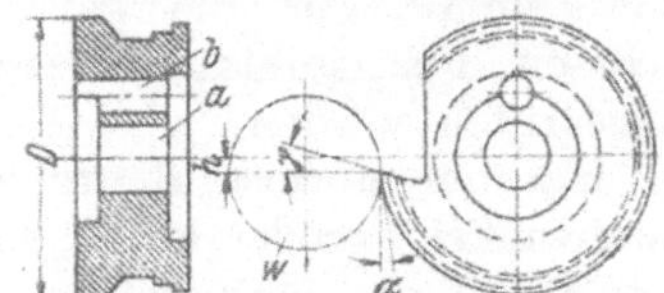

Abb. 6. Rundformstahl nach DIN Entwurf E 4970. *a* Aufnahmebohrung; *b* Bohrung für den Mitnehmerstift; α Freiwinkel; γ Spanwinkel; *w* Werkstück; *h* Überhöhung.

5. Runde Formstähle. Schwierige Formen und solche, bei denen die einzelnen Stufen sehr genau maßhaltig sein müssen, werden meist durch runde Formstähle bearbeitet. Normale Rundformstahlhalter Abb. 5 gehören zur notwendigen Ausrüstung des Automaten. Die Ausbildung der Formscheibenstähle in bezug auf die Anschlußmaße ist Gegenstand eines Normblattentwurfes E 4970 (s. Abb. 6). Diese Stähle passen auf Halter verschiedener Konstruktion, da die Aufnahme auf geschliffenem Zapfen und die Mitnahme durch zylindrischen Stift stets gleich gehalten werden kann. Rundformstähle, welche Formen mit engen Toleranzen erzeugen sollen, müssen nach dem Härten genau formgetreu rundgeschliffen werden. Dies geschieht am besten auf Sondermaschinen mit genauer optischer Kontrolle. Von dem Profil ist eine genaue Zeichnung auf verzugfreiem Papier in Vergrößerung 10 : 1 oder 50 : 1 herzustellen.

Der Rundformstahl gestattet einfaches Nachschleifen der Schneidfläche, ohne das Profil zu ändern. Der einmal festgelegte Spanwinkel γ muß dabei stets eingehalten werden (Abb. 6). Die Mitte des Formstahles muß um einen bestimmten

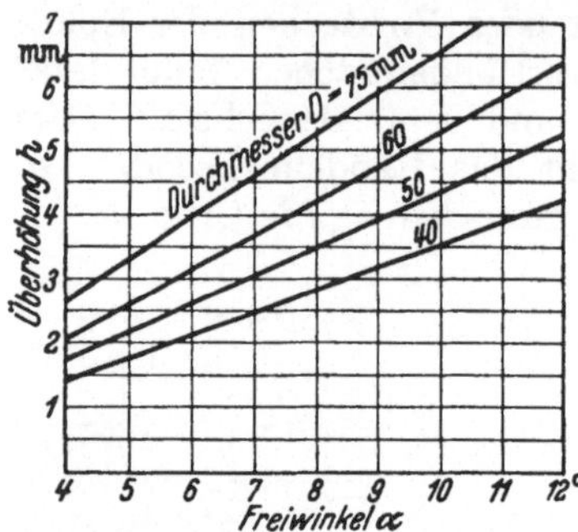

Abb. 7. Werte für den **Freiwinkel** α in Abhängigkeit von der Überhöhung h und dem Rundformstahldurchmesser D (Abb. 6).

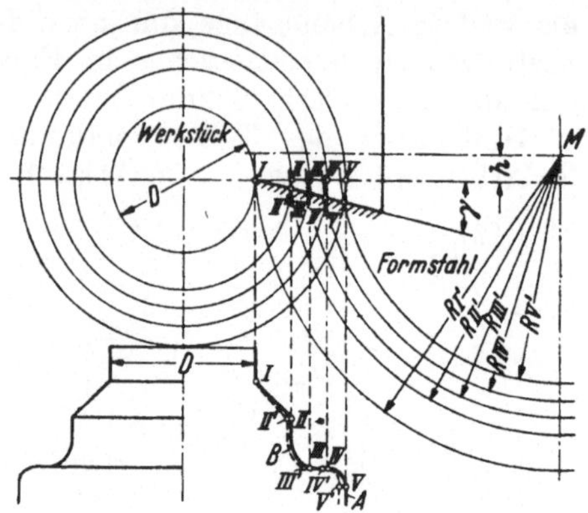

Abb. 8. Bestimmung der Profilabweichung von Rundformstählen.

Das Profil A des Werkstückes wird in genügender Vergrößerung aufgezeichnet (I bis V). In der Praxis müssen natürlich, der Form entsprechend, hinreichend viele Punkte als Kreise des Werkstückdurchmessers dargestellt werden. Punkt I, der kleinste zu formende Durchmesser, fällt mit dem größten Durchmesser des Formstahles an der Schneidkante zusammen. Vom Punkt I ausgehend trägt man an die Waagerechte den Spanwinkel γ an. Der Mittelpunkt M des Formstahles liegt auf der Waagerechten im Abstand h und auf dem Halbmesser des Formstahles RI' um Punkt I. Die Schnittpunkte der Kreise der Werkstückdurchmesser mit der Schneidenkante im Spanwinkel sind mit I, II', III', IV' und V' bezeichnet. Die Kreise um M mit den Halbmessern RI', RII', $RIII'$, RIV', RV', welche durch diese Schnittpunkte gehen, ergeben das Profil B (gestrichelt) des Rundformstahles. Es zeigt sich also, daß der Durchmesserunterschied beim Rundformstahl verkleinert wird.

Betrag h über Spindelmitte stehen, damit der Freiwinkel α entsteht. Dieser Abstand h ist durch die Abmessungen des Halters gegeben und so gewählt, daß er für die meisten vorkommenden Werkstoffe beibehalten werden kann.

Muß in besonderen Fällen der Freiwinkel α genau eingehalten werden, so ist dieser aus dem Formstahlhalbmesser r und der Überhöhung h zu berechnen aus der Formel $\sin \alpha = h/r$ oder $h = r \sin \alpha$. Für die gebräuchlichsten Formstahldurchmesser können die Werte aus dem Schaubild Abb. 7 abgegriffen werden.

Hat der Formstahl große Durchmesserunterschiede zu drehen und ist der Spanwinkel γ größer als 2^0, so muß zur Erzielung genauer Werkstückdurchmesser das Profil des Formstahles korrigiert werden. Es gibt mehrere Verfahren zur Ermittelung der Korrektur. Das gebräuchlichste zur zeichnerischen Festlegung ist in Abb. 8 dargestellt. Breite Formstähle oder solche mit tiefen schmalen Einschnitten werden aus mehreren Teilen zusammengesetzt, wenn das Profil geschliffen werden muß. Die Verbindung erfolgt durch Stifte, die gut eingepaßt werden müssen.

Ist eine hohe rechtwinkelige Schulter zu drehen, so kommt es leicht vor, daß der Rand des Formstahles die Schulter des Werkstückes durch Anfressen zerstört. Dies kann verhindert werden, wenn der Formstahl hinterdreht ausgeführt wird. Dadurch wird jedoch die Herstellung erheblich verteuert. Ein einfaches Mittel ist, die Grundfläche des Stahlhalters etwa $^1/_2$ bis 1^0 nach der betreffenden Schulter hin schräg zu schleifen, wodurch ein seitlicher Freiwinkel entsteht.

Da die Schneide des Formstahles stets genau auf Spindelmitte stehen muß, so ist eine Einstellmöglichkeit am Halter vorzusehen. Dies geschieht meist durch Stellschrauben oder kleinen Schneckentrieb (Abb. 5).

6. Die übrigen Werkzeugeinrichtungen. Der in Spindelachsrichtung verschiebbare Bohrschlitten dient zur Aufnahme kurzer, kräftiger Bohrer, Überdrehstähle, Rollenführungen, Doppelrändelhalter u. dgl. (Abb. 9 bis 11). Diese Werkzeuge werden entweder unmittelbar mit ihrem Schaft in die Bohrung des Bohrschlittens gesetzt oder, wie z. B. Bohrer usw.,

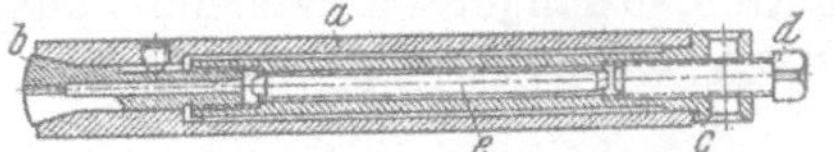

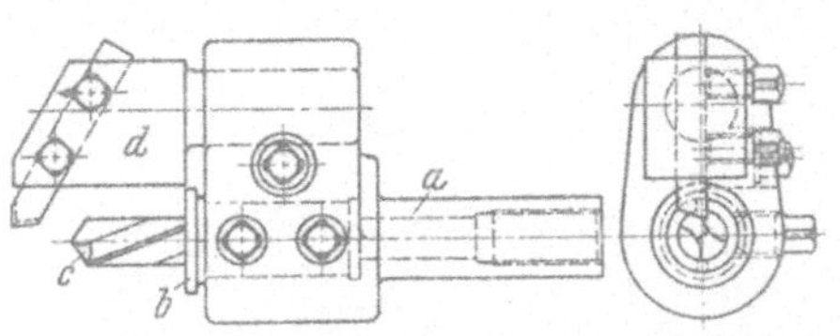

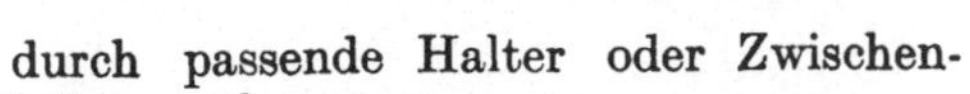

Abb. 9. Halter für kleine Bohrer.
a Halterschaft; *b* kegelige Aufnahmezange geschlitzt; *c* Anzugsbuchse zum Spannen der Zange; *d* Anschlagschraube; *e* Anschlagstift für den Bohrer.

Abb. 10. Bohrerhalter mit verstellbarem Überdrehstahlhalter.
a Bohrerhalter; *b* Einsatzbüchse mit passender Bohrung für den Bohrer; *c* Spiralbohrer; *d* Überdrehstahlhalter mit Stahl. In den Schaft des Bohrerhalters kann noch eine Stellschraube eingesetzt werden, die den Bohrer in Längsrichtung einstellt und stützt.

durch passende Halter oder Zwischenhülsen aufgenommen.

An den meisten dieser Maschinen ist ein schwingender Werkstoffanschlag vorhanden, der einmal die volle Ausnutzung der übrigen Werkzeugträger für die Schneidwerkzeuge ermöglicht und zum anderen auch noch das Zentrieren und das Abnehmen der abgestochenen Arbeitsstücke übernehmen kann (Abb. 12). Bei hohen Drehzahlen ist der Anschlag mit einem Längskugellager auszustatten.

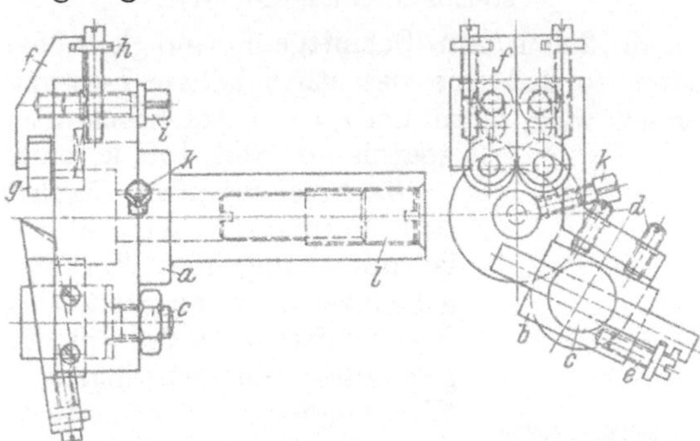

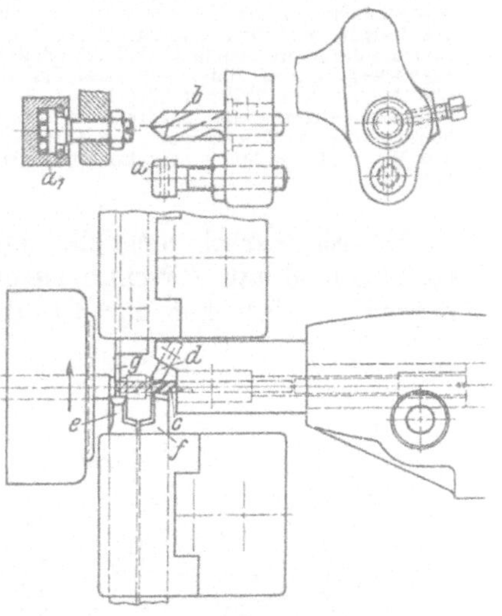

Abb. 11. Schälstahlhalter mit Rollengegenführung.
a Stahlhalterkörper; *b* Stahlhalter mit Schälstahl, um Zapfen *c* schwenkbar. Die Schrauben *d* stellen den Stahl auf Drehdurchmesser, mit der Schraube *e* kann der Stahl nach dem Schleifen wieder auf richtige Radialstellung gebracht werden; *f* einstellbare Rollenhalter mit harten Führungsrollen *g*, Stellschrauben *h* und Festklemmschrauben *i* für die Rollenhalter. In den Schaft kann auch noch ein Bohrer eingesetzt werden, der mit Schraube *k* geklemmt und mit Schraube *l* eingestellt und gestützt werden kann.

Abb. 12. Bearbeitung eines Kettenbolzens.
a Anschlag im schwingenden Arm (bei hohen Drehzahlen kann der feste Anschlag durch einen kugelgelagerten Anschlag nach *a₁* ersetzt werden); *b* Anbohrer; *c* Spiralbohrer im Bohrerhalter des Bohrschlittens; *d* Stahl im Bohrerhalter zum Anfasen der Bohrung; *e* Einstechstahl für die Zapfen und *f* Begrenzungsstahl für die vordere Stirnfläche auf dem vorderen Querschlitten; *g* Abstechstahl auf dem hinteren Querschlitten.

7. Die Arbeitspläne für diese einfachen Formautomaten sind leicht zu entwerfen. Die Schneidwerkzeuge werden in ihren Endstellungen am fertigen Werkstück mit den entsprechenden Haltern gezeichnet. Die Arbeitswege sind durch Abmessen sofort zu ermitteln. Besondere Beachtung verlangt der schwingende Anschlag, dessen meist normale Kurve so einzustellen ist, daß die zurück- oder vorgehenden Werkzeuge nicht behindert werden.

Die Abb. 12, 13, 14 zeigen einige solche Arbeitspläne. Die Art der Bearbeitung und der angewendeten Werkzeuge ist aus den Zeichnungen ohne besondere Erläuterung klar ersichtlich.

Abb. 15 zeigt einen Sonderfall von spanloser Formung auf einem Stangen-automaten, und zwar das Abtrennen von Kupferringen aus Rohr mit Hilfe von Schneidrollen, welche auf Kugellagern laufen. Diese Rollen sitzen in Haltern auf dem vorderen und hinteren Quer-schlitten, so daß je Steuerwellenumdrehung 2 Ringe fertig werden.

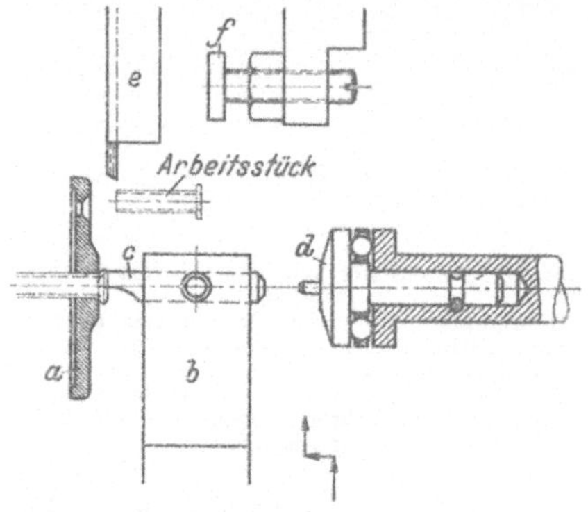

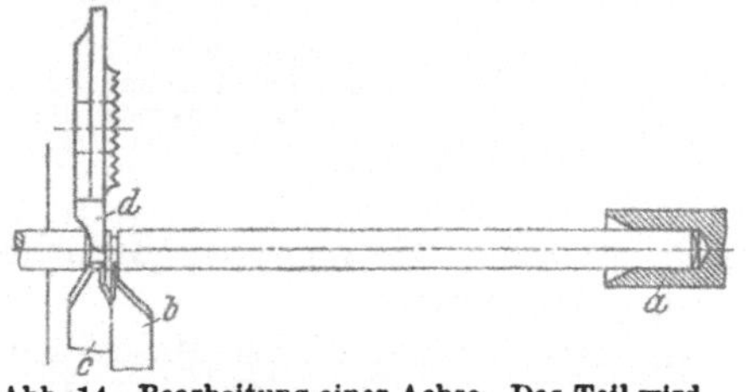

Abb. 13. Herstellung einer Kupferhohlniete. *a* Führungsdeckel auf dem Spindelkopf. Nach dem Abstechen des fertigen Teiles tritt der im Halter *b* des Langdrehschlittens befestigte Dorn *c* in die Bohrung des Bohrers ein und bördelt durch weitere Planbewegung den Rand vor. Der im Bohr-schlitten sitzende Teller *d* bördelt den Flansch anschließend fertig. Das Abstechen erfolgt vom hinteren Querschlitten *e* aus. Der Anschlag für den Werkstoffvorschub *f* sitzt im schwingenden Arm.

Abb. 14. Bearbeitung einer Achse. Das Teil wird außen nicht überdreht und daher nur durch Ein- und Abstechstähle bearbeitet. In dem Bohr-schlitten ist eine Abstützung *a* angebracht, um den langen Schaft während der Bearbeitung zu stützen. Der Bohrschlitten mit der Führung geht nach dem Abstich so weit nach vorn, daß der Werk-stoff beim Vorschieben mit Sicherheit in die Führungsbuchse *a* gleitet. *b* Einstechstahl für die Rille; *c* Vorstechstahl für den Abstich; *d* Abstech-stahl als Rundstahl ausgeführt, formt zugleich die Stirnfläche des folgenden Teiles.

Es ist hierbei möglich, mit etwa 200 m/min Schnittgeschwindigkeit bei 0,02 bis 0,03 mm Vorschub zu arbeiten, so daß eine wesentlich höhere Leistung gegenüber Abstechen durch Stahl erzielt wird, wozu noch die beträchtliche Er-sparnis an Werkstoff kommt.

8. Eine besondere Bauart eines Formautomaten (Abb. 16) ist durch folgendes Merkmal gekennzeichnet: an Stelle des Bohrschlittens ist der Spindel gegenüber ein schwingender Werkzeugträger angeordnet, der unmittelbar durch eine Kurve gesteuert und revol-verkopfähnlich in 3 Werk-zeugstellungen geschaltet wer-den kann. Außerdem sind für die Querbearbeitung 2 schwingende Planstahlträger vorgesehen.

Durch den 3 teiligen, längs-beweglichen Werkzeugträger ist es möglich, mehrere Bohrer anzuwenden. Ebenso können Langdreharbeiten und in Ver-

Abb. 15. Abtrennen von Kupferringen vom Rohr. Nach dem Anschlagen des Werkstoffes am Anschlag *a* schneiden die beiden Rollen *b* und *c* gleichzeitig von vorn und hinten je einen Ring ab. Die hintere Rolle eilt dabei etwas vor, damit auch der erste Ring sicher abgetrennt wird. Die Schneidrollen sind kugel-gelagert.

bindung mit einem Kopierlineal auch Kegel und beliebige Formen bearbeitet werden.

Bei Verwendung von Rundformstählen für die schwingenden Querwerkzeug-träger werden diese entsprechend Abb. 17 ausgebildet.

So ergibt sich gegenüber den Automaten mit einfachem Bohrschlitten ein erweiterter Arbeitsbereich, wie aus den Arbeitsplänen Abb. 18···21 hervorgeht.

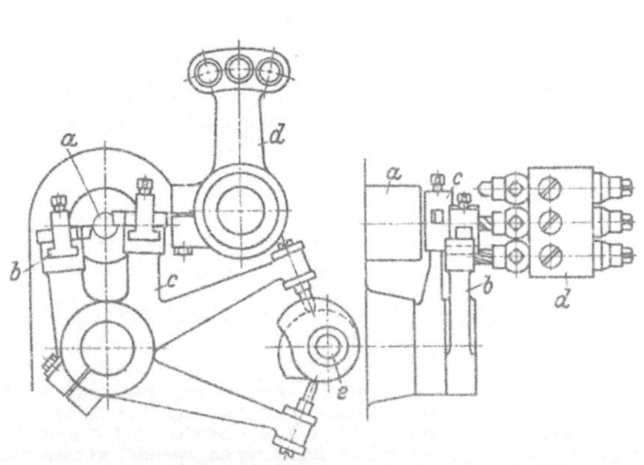

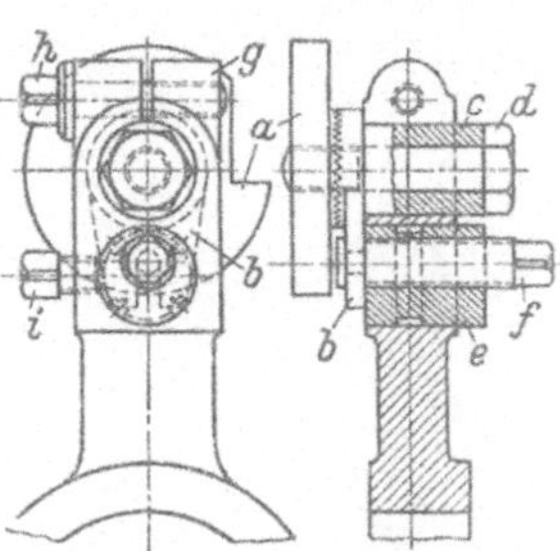

Abb. 17. Ausbildung der Planwerkzeuge für Automat nach Abb. 16 zur Aufnahme von Rundformstählen.
a Rundformstahl; b Stellhebel; c Aufnahmebuchse; d Festklemmschraube; e exzentrische Büchse, welche zur Verstellung des Hebels b verdreht werden kann. Der Arm g ist geschlitzt, die Büchse c wird durch Schraube h festgeklemmt. f Klemmschraube für Hebel b, i Klemmschraube für Büchse e.

Abb. 16. Schema des Arbeitsraumes eines Formautomaten mit schwingendem Werkzeugträger für drei Bohrwerkzeuge (Kleim u. Ungerer).
a Arbeitsspindel; b vorderer und c hinterer schwingender Planstahlträger; d schwingender Werkzeugträger für drei Bohrwerkzeuge (in der linken Ansicht hochgeschwenkt); e Steuerwelle.

Da es sich hier zumeist um kurze Werkstücke handelt, deren Außenform durch Formstähle bearbeitet werden können, wird häufig die doppelte Arbeits-

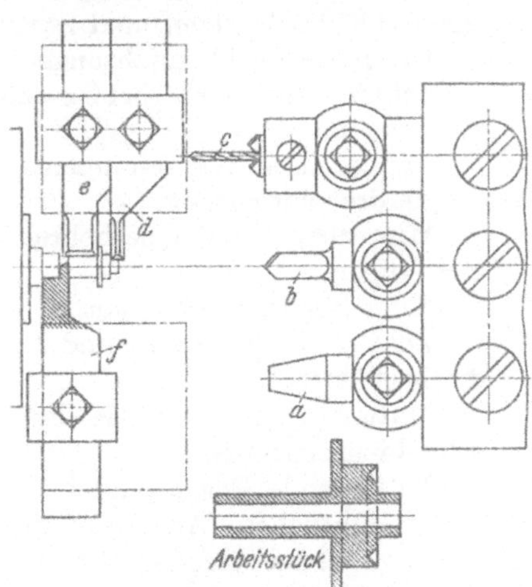

Abb. 18. Bearbeitung eines Messingteiles.
a Anschlag; b Anbohrer; c Spiralbohrer zum Durchbohren mit Senker für die Ausdrehung in der Stirnfläche; d und e Einstechstähle zum Zapfendrehen; f Abstech- und Vorformstahl.

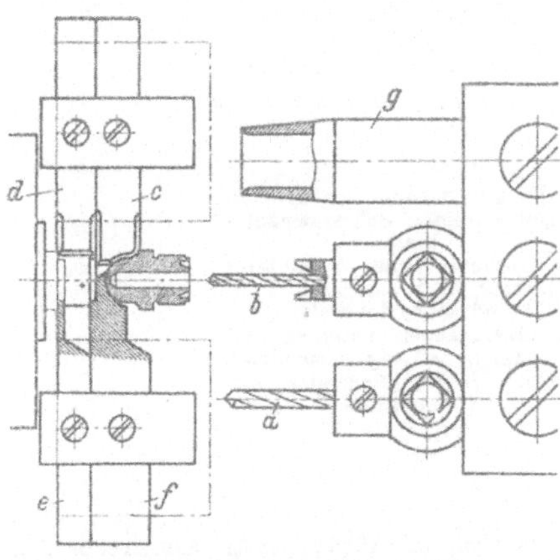

Abb. 19. Bearbeitung eines Schmiernippels aus Al-Legierung.
a Bohrer für die starke Bohrung; b Bohrer für die kleine Bohrung mit Senker für die Bördelausdrehung; c Formstahl; d Formstahl für den Zapfen; e Einstechstahl für den Gewindeeinstich; f Abstechstahl; g Abnehmerrohr.

weise angewendet, d. h. ein Teil wird dicht an der Spindel außen vorgeformt, während das vorhergehende Teil fertig bearbeitet.-wird. Der linke Formstahl arbeitet als letzter und sticht am Schluß das vorhergehende Teil ab.

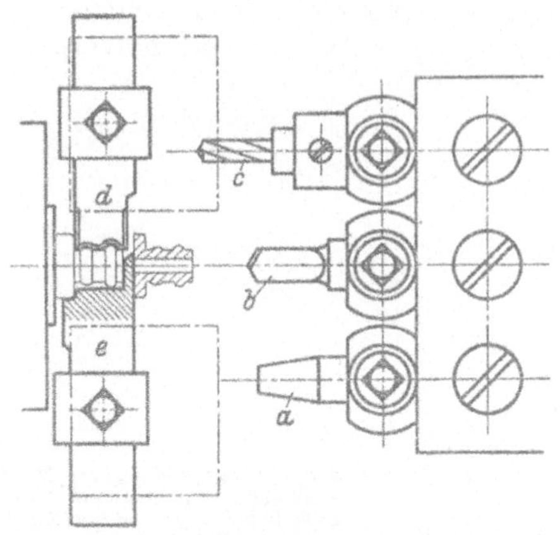

Abb. 20. Bearbeitung eines Schlauchnippels aus Al-Legierung.
a Anschlag; *b* Anbohrer flach; *c* Bohrer; *d* Flachformstahl; *e* Abrund- und Abstechstahl.

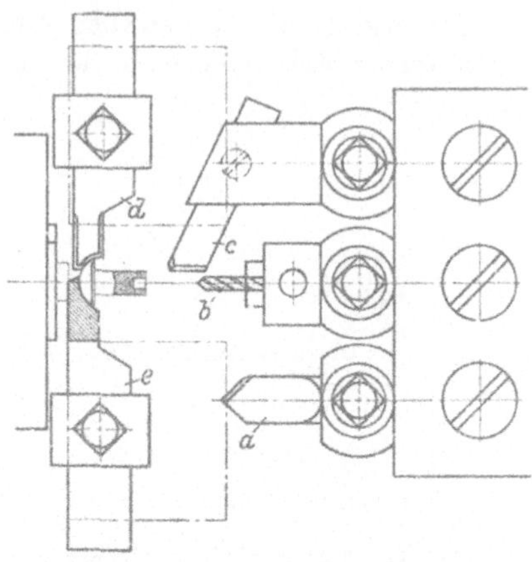

Abb. 21. Bearbeitung einer Stahlniete.
a Anbohrer; *b* Bohrer; *c* Langdrehstahl; *d* Flachformstahl; *e* Abstechstahl. Bei diesem Beispiel kann kein Anschlag angewendet werden. Die zulässige Längentoleranz von + 0,1 mm kann hier durch den Werkstoffvorschub eingehalten werden.

B. Schraubenautomaten.

9. Kennzeichnung. Unter Schraubenautomaten versteht man allgemein diejenigen Stangenautomaten, welche gegenüber den einfachen Formautomaten weitere Ausstattungen und Zusatzapparate besonders für die Herstellung von Schrauben aller Art (Abb. 22) besitzen, und zwar:

Gewindeschneideinrichtungen,

Schlitz- und Flächenfräseinrichtungen,

Langdrehschlitten mit und ohne Kopierdreheinrichtung,

Hinterbohr- und Querbohreinrichtungen,

Schnellbohreinrichtungen,

Zusätzliche Plandreh- und Abstechschlitten,

Muttern-, Senk- und Gewindeschneideinrichtungen,

Mitlaufende Gegenspindel.

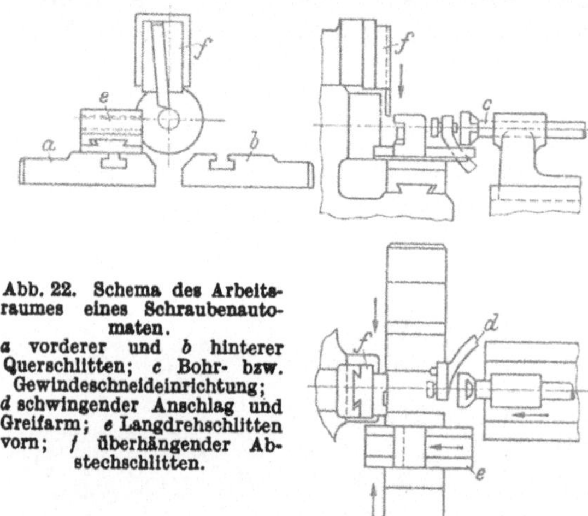

Abb. 22. Schema des Arbeitsraumes eines Schraubenautomaten.
a vorderer und *b* hinterer Querschlitten; *c* Bohr- bzw. Gewindeschneideinrichtung; *d* schwingender Anschlag und Greifarm; *e* Langdrehschlitten vorn; *f* überhängender Abstechschlitten.

Ausführlichere Angaben über den konstruktiven Aufbau dieser Einrichtungen sind den zugehörenden Betriebsanleitungen und dem einschlägigen Schrifttum[1] zu entnehmen.

Eine besondere Konstruktion eines Schraubenautomaten zeigt das Schema Abb. 23. Bei dieser Maschine sind die Planwerkzeugträger schwingend angeordnet, und zwar auf langen Achsen, die im Spindelkasten doppelt gelagert sind. Es können bis zu vier Werkzeuge verwendet werden, wovon das eine als Langdrehstahl arbeiten kann.

10. Die Gewindeschneideinrichtung. Die für die Schraubenherstellung unbedingt notwendige Gewindeschneideinrichtung erfordert eine wesentliche Er-

---

[1] KELLE: Automaten, 2. Aufl. Berlin: Julius Springer.

weiterung des Getriebeaufbaues der Schraubenautomaten. Eine Schaltung von
verschiedenen Spindeldrehzahlen und Drehrichtungen für das Gewindeschneiden

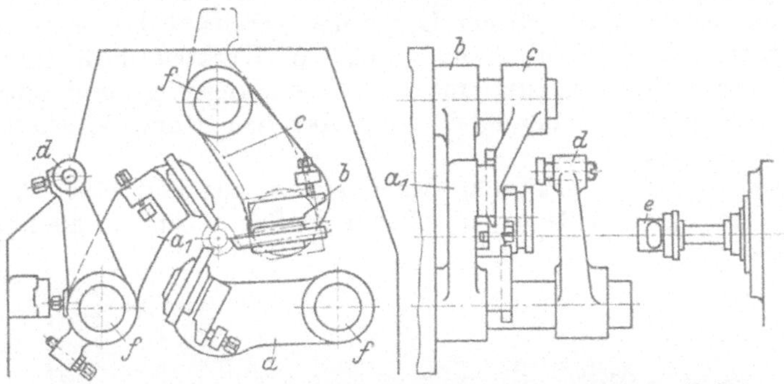

Abb. 23. Schraubenautomat mit schwingenden Werkzeugträgern (Index).
a und a_1 Planstahlhalter; *b* Abstechstahlhalter; *c* Langdrehstahlhalter; *d* schwingender Anschlag- und Greifarm; *e* Gewindeschneideinrichtung. Die Werkzeugträger
schwingen um lange, doppelt gelagerte Achsen *f*.

wird bei diesen Maschinen vermieden. Durchweg wird hier mit überholender
oder nacheilender Gewindeschneidspindel gearbeitet.

Die der Arbeitsspindel gegenüber in einem besonderen Gehäuse gelagerte
Gewindeschneidspindel wird in gleicher Drehrichtung, jedoch mit einer Drehzahl,
welche je nach Werkstoff um 1/3, 1/5 oder 1/7 höher oder niedriger als diejenige
der Arbeitsspindel ist, angetrieben. Die Arbeitsspindel läuft links, so daß durch
den schnelleren Linkslauf der Gewindespindel ein Rechtsgewinde aufgeschnitten
wird, und zwar mit einer Geschwindigkeit, die dem Unterschied der beiden Drehzahlen entspricht. Linksgewinde wird entsprechend mit nacheilender Gewindespindel erzeugt. Am Ende des Gewindeschneidvorganges wird durch entsprechende
Nocken der Antrieb der Gewindespindel abgeschaltet und ein plötzliches Abbremsen dieser Spindel zwingt das Gewindeschneidwerkzeug zum Ablaufen.

Beim Arbeiten mit selbstöffnendem Gewindeschneidkopf kann das Abbremsen
fortfallen.

Die für diese Automaten erforderlichen **Gewindeschneideisen (DIN 223)**
oder Gewindebohrer werden fest mit der Gewindeschneidspindel verbunden durch
Halter nach Abb. 33 und 36.

Gewindeschneidköpfe werden heute auch in sehr kleinen Abmessungen
hergestellt für kleine Gewinde bis M 5 und hohe Drehzahlen (Abb. 24 und 33).

Die Gewindeandrückkurve muß entsprechend der Gewindesteigung und dem
Überholungsverhältnis der Gewindespindel ausgeführt werden. Bei feinen Ge-
winden für kleine Schrauben muß häufig auch die Kurve während der ganzen
Gewindelänge die Gewindespindel führen, da sonst die Gewindegänge durch die
Last des nachzuziehenden Gestänges einseitig angegriffen würden. Man trachtet
daher auch danach, derartige Schrauben auf möglichst leicht gebauten kleinen
Automaten herzustellen, bei denen diese Massen sehr gering sind.

11. Schlitz- und Fräseinrichtung. Greifeinrichtung. Alle Arbeiten, welche
nach dem Abstechen des Arbeitsstückes auf der gleichen Maschine selbsttätig
ausgeführt werden sollen, bedingen die Anordnung einer **Greifeinrichtung**.
Diese ist vielseitig anwendbar und daher bei den meisten Stangenautomaten
kleiner und mittlerer Größe vorgesehen. Der Greifarm kann, durch Kurven
betätigt, mit seinem freien Kopfende vor die Spindelmitte und nach einem Weg
von meist 90° bis 120° vor eine Schlitzsäge oder dergleichen geschwenkt werden.

Zur Aufnahme des abzutrennenden Arbeitsstückes trägt der Greifarm eine
Aufnahmebüchse, die mit etwas Spiel kurz vor dem Abstechen über das freie
Ende des Teiles geschoben wird. Diese Büchsen sind auswechselbar und müssen
dem Durchmesser und oft auch der Länge des Arbeitsstückes entsprechend ausgeführt werden. Sie gehören deshalb mit zur Werkzeugeinrichtung. Ist das
Werkstück verhältnismäßig lang und der Greiferlängsweg beschränkt, so muß
die Büchse geschlitzt sein, damit sie quer über den Schraubenschaft zur Mitte
geschwenkt werden kann.

Nach dem Abstechen schwenkt der Greifarm aus und führt die Schraube
gegen die Schlitzsäge (Abb. 24 und 25). Bevor der Schraubenkopf die Säge erreicht,

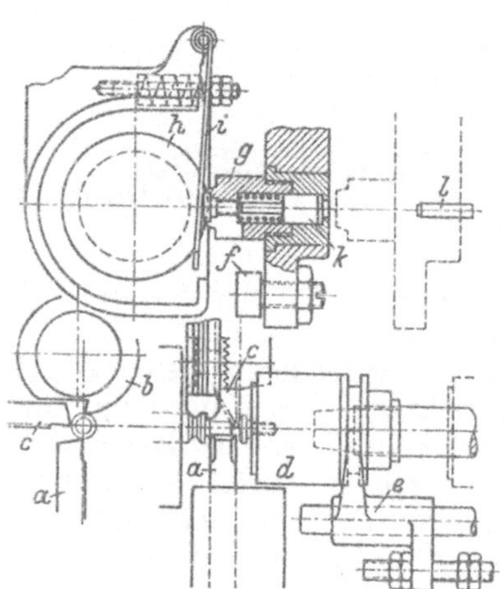

Abb. 24. Bearbeitung einer Kopfschraube mit
Schlitz im doppelten Arbeitsverfahren.
a Drehen des Schraubenschaftes mit Plan-
drehstahl im vorderen Querschlitten; *b* Formen des Kopfes und Vordrehen der Abstechseite durch Rundformstahl von hinten; *c* Abstechstahl im dritten Seitenschlitten von oben,
formt gleichzeitig das abgerundete Schaftende;
d selbstöffnender Gewindeschneidkopf auf
überholender   Gewindeschneidvorrichtung;
e Schließ- und Öffnungsvorrichtung für den
Schneidkopf, wirkt beim Vor- und Zurückgehen der Gewindespindel; *f* Anschlag für den
Werkstoffvorschub im schwingenden Greifarm; *g* Aufnahmebüchse im Greifarm zum
Schlitzen; *h* Schlitzsäge durch besonderen
Motor oder Riemen angetrieben; *i* Halteblech,
federnd angebracht; *k* Zwischenbolzen zum
Ausstoßen; *l* Ausstoßstift am Maschinengestell
befestigt, tritt beim Zurückgehen des Greifarmes in die Büchse ein und stößt die Schraube
aus.

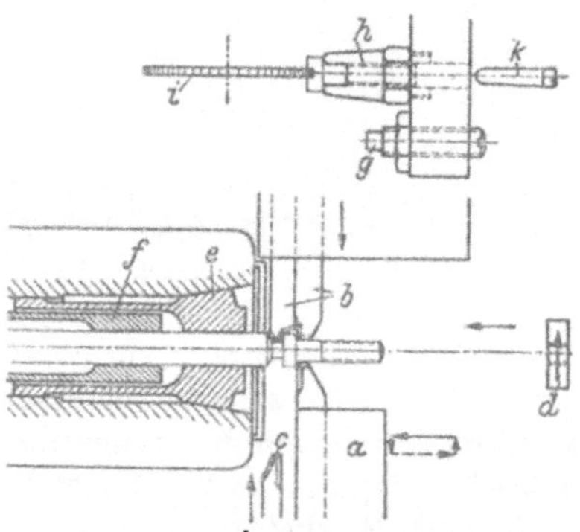

Abb. 25.   Bearbeitung einer längeren Kopfschraube.
a Langdrehstahl im Langdrehschlitten auf
dem vorderen Querschlitten; *b* Einstechstähle
im hinteren Querschlitten; *c* Abstechstahl von
oben; *d* Schneideisen in der überholenden Gewindeschneideinrichtung; *e* Spannzange; *f* Vor-
schubzange in der Arbeitsspindel; *g* Werkstoffanschlag und *h* Aufnahmebüchse im Greifarm;
i Schlitzsäge; *k* Ausstoßstift.

wird er durch eine Blattfeder fest gegen
die Greiferbüchse gedrückt, damit sich
die Schraube nicht drehen kann. Mit
geringem Vorschub wird nun durch
weitere Bewegung des Greifarmes der
Schlitz bis auf die notwendige Tiefe
eingearbeitet.

Werden 2 Sägenfräser angeordnet,
so kann man 2 Flächen an das Arbeitsstück fräsen. Beim Zurückgehen
nimmt der Greifarm das Teil mit, bis
es gegen einen Ausstoßstift oder ein Abstreifblech stößt und aus der Greiferbüchse geworfen wird. Über eine Abfallrinne wird es getrennt von den Spänen
aufgefangen.

Da die Werkzeugträger vielfach mit Schneidwerkzeugen voll besetzt sind, so
dient der Greifarm meistens zugleich als Werkstoffanschlag (Abb. 24 bis 27) beim
Vorschieben der Stange. Er wird nach dem Abstechen zunächst nur ein kleines
Stück nach oben geschwenkt, bis seine Anschlagschraube der Spindel gegen-
übersteht. Die Spannzange öffnet sich, die Werkstoffstange wird bis an den
Anschlag vorgeschoben und die Spannzange wieder geschlossen.

Erhält das Arbeitsstück eine Bohrung, so kann im Greifarm auch noch ein

Zentrierbohrer (Abb. 27) untergebracht werden, welcher nach dem Stangenvorschub vor die Spindelmitte geschwenkt wird. Durch Längsbewegung des Armes wird darauf zentriert, und nun schwenkt der Greifarm ganz nach oben vor die

Schlitzsäge, wo er während der Bearbeitungszeit für die Schraube das Bearbeiten des Schlitzes steuert.

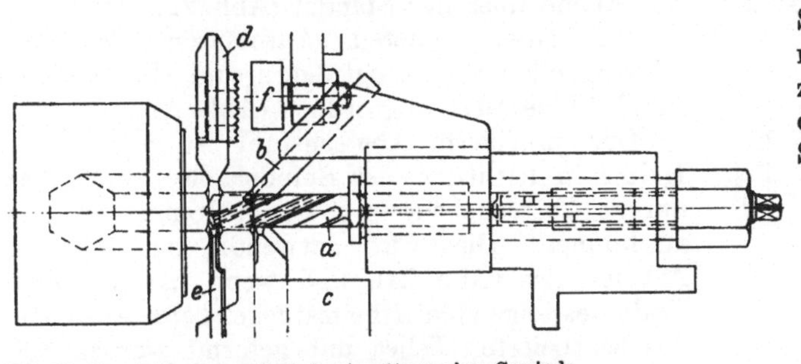

Abb. 26. Bearbeitung von Sechskantmuttern ohne Gewinde. *a* Bohren und *b* Anfasen vom Bohrschlitten aus; *c* Schlichten der vorderen Planfläche vom vorderen Querschlitten; *d* Vorstechen und Anschrägen durch Rundformstahl von hinten; *e* Abstechen von oben; *f* Anschlag für den Werkstoff im Greifarm.

12. Hinterbohr- und Querbohreinrichtung. Für diese Einrichtungen wird ebenfalls der Greiferarm gebraucht. Die Stelle der Schlitzsäge wird durch eine angetriebene Bohrspindel eingenommen, welche in Achsrichtung des Werkstückes oder quer dazu arbeitet.

Das Werkstück muß hierbei in einer Spannzange festgehalten werden. Diese sitzt an Stelle der Aufnahmebüchse im Greifarm (Abb. 28).

Beim Querbohren kann das Teil auch einer besonderen Spannzange unterhalb der Querbohrspindel durch den Greifarm zugeführt werden, wenn das vordere Ende des Arbeitsstückes durchbohrt werden soll. In diesem Falle können auch Querbohrungen in mehreren Ebenen gemacht werden. Durch eine besondere Kurve gesteuert, wird dann die Aufnahmezange um den entsprechenden Winkel geschaltet.

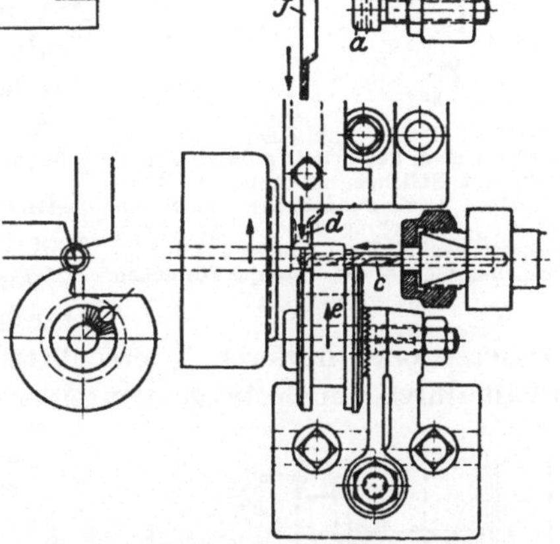

Abb. 27. Bearbeitung eines Kettenbolzens. *a* Anschlagen und *b* Anbohren vom Greifarm; *c* Bohren vom Bohrschlitten; *d* Vorstechen des Zapfens vom ersten und zweiten Teil; *e* Schlichten der Form durch Rundformstahl von vorn; *f* Abstechen von oben.

13. Schnellbohreinrichtung. Während ein Teil mit einer verhältnismäßig kleinen Bohrung an der Außenform mit der zulässigen Schnittgeschwindigkeit bearbeitet wird, würde der feststehende Bohrer zu geringe Schnittgeschwindigkeit und meist auch zu großen Vorschub erhalten. Zur Vermeidung dieser Nachteile wird gegenüber der Arbeitsspindel eine Schnellbohrvorrichtung angeordnet, deren Spindel längsbeweglich ist und entgegen der Drehrichtung der Arbeitsspindel angetrieben wird. Die Schnittgeschwindigkeit entspricht der Summe beider Drehzahlen, wodurch der Vorschub je Spindelumdrehung klein wird. Da es sich nur um kleine Bohrer handelt, trägt die Bohrspindel eine Spannzange zur Aufnahme des Bohrers.

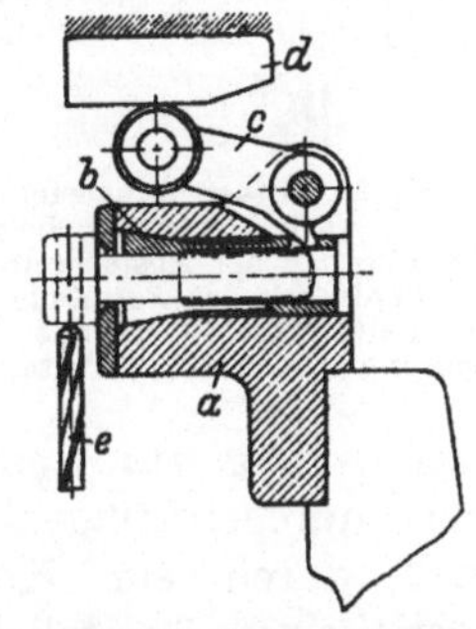

Abb. 28. Greifarm mit Spannzange für Querbohr- oder Hinterbohreinrichtung. *a* Greifarm; *b* Spannzange; *c* Spannhebel mit Rolle; *d* Steuerplatte, an der Bohreinrichtung befestigt; *e* Bohrer versetzt gezeichnet. Durch Längsbewegung des Greifarmes gleitet die Rolle im Hebel *c* an der Kurve der Steuerplatte *d* entlang und schließt dadurch die Spannzange.

14. Zusätzliche Plan- und Langdrehschlitten. Die beiden Hauptschlitten werden bei schwierigen Arbeitsstücken häufig für Form- und Langdreharbeiten benötigt, so daß für das Abstechen ein dritter Planschlitten angebracht werden muß, der durch eine Kurve unabhängig gesteuert werden kann (Abb. 24 bis 29). Dieser arbeitet meist in der senkrechten Ebene über der Spindel (Abb. 22).

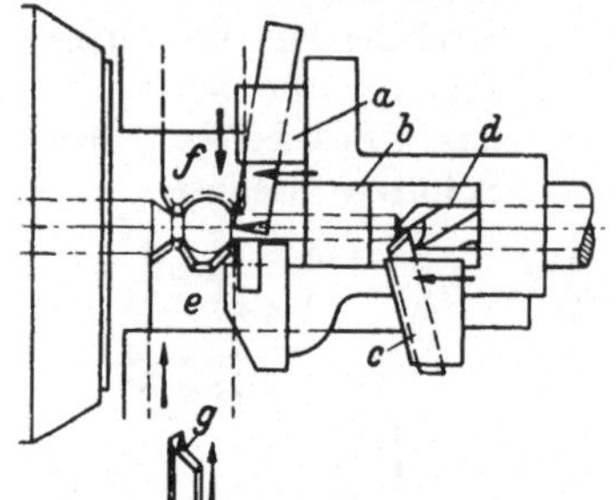

Abb. 29. Bearbeitung einer Formfeile. *a* Überdrehen des Schaftes durch Schälstahl mit Rollengegenführung im Bohrschlitten; *b* Führungsbüchse im Stahlhalter; *c* Anschrägstahl; *d* Anbohrer; *e* Vorstechen der Form von vorn; *f* Fertigformen der Kugel von hinten; *g* Abstechen von oben.

Bei einer anderen Automatenbauart mit schwingenden Werkzeugträgern sind alle Schlitten um 120° versetzt angeordnet (Abb. 23).

Der profilierte Abstechstahl ist mit seinem Halter in Richtung der Spindelachse verstellbar, um die Abstechebene in gewissen Grenzen verlegen zu können. Dies wird notwendig bei doppelter Arbeitsweise (Abb. 24), und wenn das vorderste Ende des folgenden Arbeitsstückes beim Abstechen des bearbeiteten Teiles mit geformt werden soll, z. B. die Abrundung oder Spitze eines Schraubenschaftes. Mit dem Abstechstahl kann auch ein Rändel oder ein weiterer Einstechstahl zusammen arbeiten (Abb. 4).

Zum Überdrehen längerer Schäfte sowie von Durchmessern hinter einem Bund kann auf den vorderen oder hinteren Querschlitten ein Langdrehschlitten gesetzt werden. Er erhält durch ein Gestänge von einer unabhängigen Kurve eine Bewegung parallel

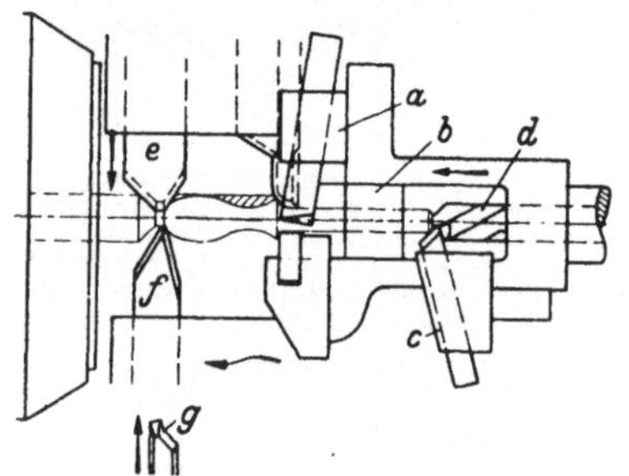

Abb. 30. Bearbeitung einer Formfeile. *a*, *b*, *c*, *d* arbeiten wie im Beispiel Abb. 29; *e* Vorstechen der Abstechseite von hinten; *f* Überdrehen des Formteiles durch Stahl im Langdrehschlitten mit Formdreheinrichtung (s. Abb. 31); *g* Abstechen von oben.

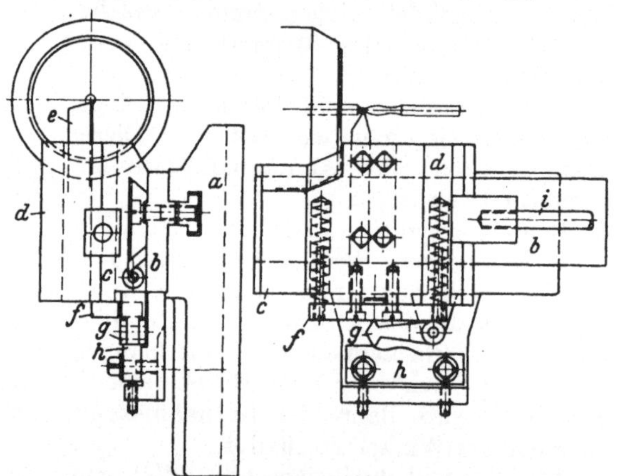

Abb. 31. Langdrehschlitten mit Formdreheinrichtung. *a* vorderer Querschlitten; *b* Führungsprisma für den Langdrehschieber, auf dem Querschlitten festgeschraubt; *c* Langdrehschieber, auf Führung *b* gleitend; *d* Planschieber, im Langdrehschieber *c* gleitend und durch zwei Federn stets nach hinten gedrückt; *e* Langdrehstahl; *f* Druckplatte zum Planschieber *d*; *g* Abtastklinke, am Langdrehschieber *c* schwingend befestigt; *h* Formplatte, am Teil *b* befestigt, mit dem Werkstück entsprechender Form. — Der Langdrehschieber *c* wird von einer besonderen Kurve über Stange *i* nach links geschoben. Die Klinke *g* tastet dabei die Form der Platte *h* ab und bewegt den Schieber *d* entsprechend der Form quer. Nach Beendigung des Drehens geht der Querschlitten *a* zurück, so daß beim Zurücklaufen des Langdrehschiebers *d* keine Rückzugmarken entstehen können.

oder schräg zur Spindelachse. Bei unregelmäßigen Formen wird durch ein Kopierlineal noch eine zusätzliche Planbewegung gesteuert. Die Planbewegung des Querschlittens dient dazu, den Langdrehstahl an das Arbeitsstück heranzubringen und nach Beendigung des Schnittes vom Werkstück abzuheben, wodurch jede Rückzugnute vermieden wird (Abb. 30 bis 35 u. 38).

Durch seine Bewegungsmöglichkeit längs und quer zur Spindelachse kann der Langdrehschlitten weiter noch zum Anbohren, Bohren und Aufreiben verwendet werden. Zu diesem Zweck wird an Stelle des Langdrehstahles ein pris-

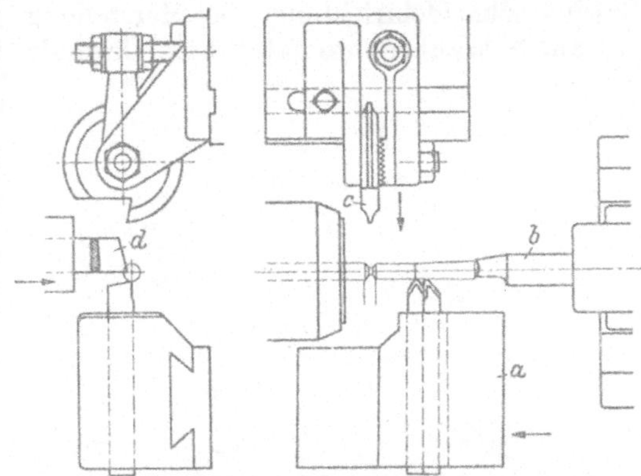

Abb. 32. Bearbeitung eines Kegelstiftes.
a Langdrehschlitten, schräg gestellt zum Kegeldrehen mit **zwei** Stählen; *b* Abstützbolzen im Bohrschlitten; *c* Rundformstahl zum Vorformen der Abrundungen; *d* Abstechen von oben. Die Planbewegung des vorderen Querschlittens wird durch Feststellen ausgeschaltet, um genaue Drehdurchmesser zu erhalten.

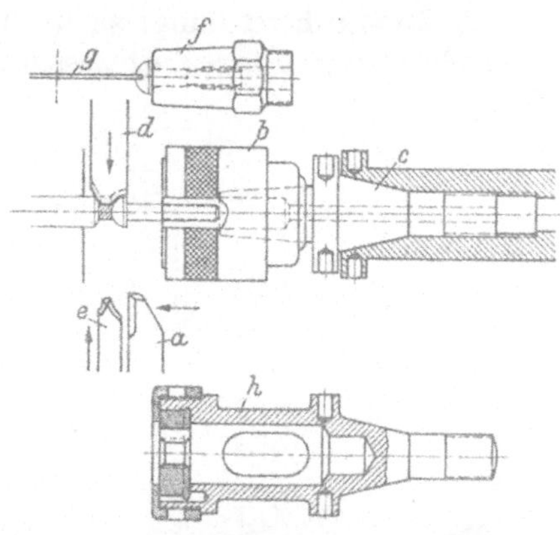

Abb. 33. Bearbeitung einer Halbrundkopfschraube.
a Langdrehstahl im Langdrehschlitten; *b* Gewindeschneidkopf, als einstellbares Schneideisen arbeitend; *c* Zwischenstück zur Aufnahme des Schneidkopfes in der Gewindeschneidspindel; *d* Einstechstahl; *e* Abstechstahl von oben; *f* Aufnahmebuchse im Greifarm; *g* Schlitzsäge; *h* Halter zur Aufnahme eines Schneideisens, kann an Stelle des Schneidkopfes eingesetzt werden.

matischer Halter eingespannt, der die Bohrwerkzeuge aufnimmt.

Zum Bohren geht zunächst der Querschlitten so weit vor, bis der Bohrer auf Spindelmitte steht, worauf durch die Längsbewegung des Langdrehschlittens der Bohrvorschub erzeugt wird (Abb. 36 und 37).

Der Langdrehschlitten ist daher eine sehr häufig gebrauchte Einrichtung, mit dem Vorteil, daß er vielfach auch bei reinen Planarbeiten auf dem Querschlitten verbleiben kann, wobei die Längsbewegung durch Festklemmen des Schlittens und Entfernen der Langdrehkurve ausgeschaltet wird.

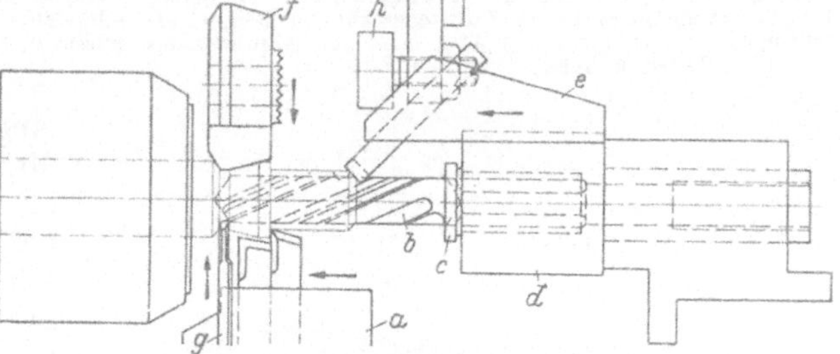

Abb. 34. Bearbeitung eines Dichtungskegels.
a Langdrehschlitten mit zwei Stählen; *b* Spiralbohrer; *c* Aufnahmebuchse; *d* Bohrerhalter im Bohrschlitten; *e* Überdrehstahlhalter auf dem Bohrerhalter zum Anschrägen; *f* Formstahl auf hinterem Querschlitten; *g* Abstechstahl von oben; *h* Anschlag im Greifarm.

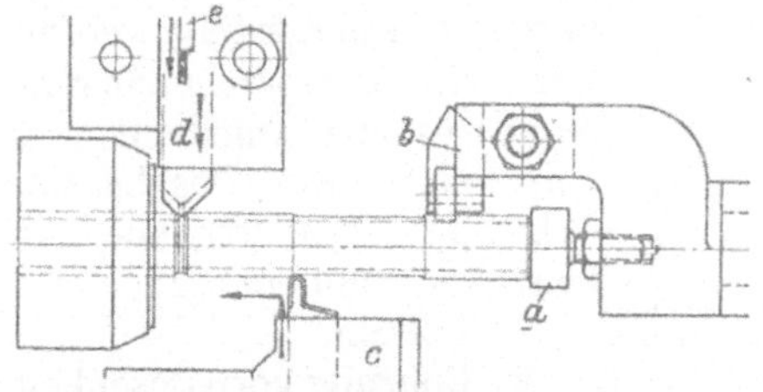

Abb. 35. Bearbeitung eines Hohlbolzens aus Rohr.
a Anschlag; *b* Rollengegenführung im Bohrschlitten; *c* Langdrehschlitten zum Drehen der mittleren Aussparung; *d* Einstechstahl zum Abschrägen; *e* Abstechstahl von oben.

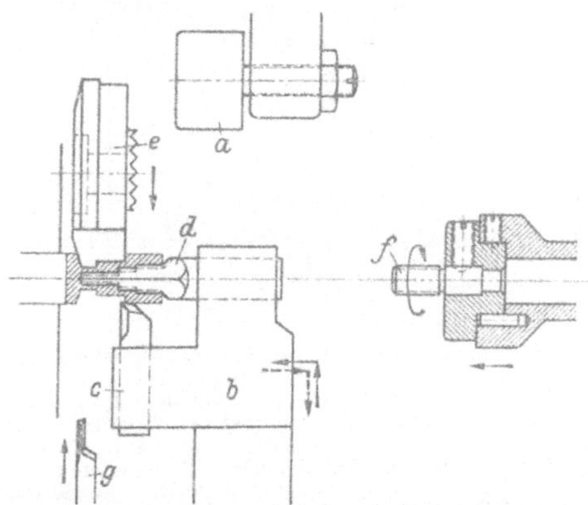

Abb. 36. Bearbeitung einer Verschraubung aus Messing.
a Anschlag; *b* Stahlhalter im Langdrehschlitten; *c* Langdrehstahl und *d* Flachbohrer im Halter *b*; *e* Formstahl auf dem hinteren Querschlitten; *f* Gewindebohrer; *g* Abstechstahl von oben.

15. Mutternherstellung: Senk- und Gewindeschneideinrichtung. Bei Herstellung von Muttern größerer Abmessung wird auf Schraubenautomaten kein Gewinde

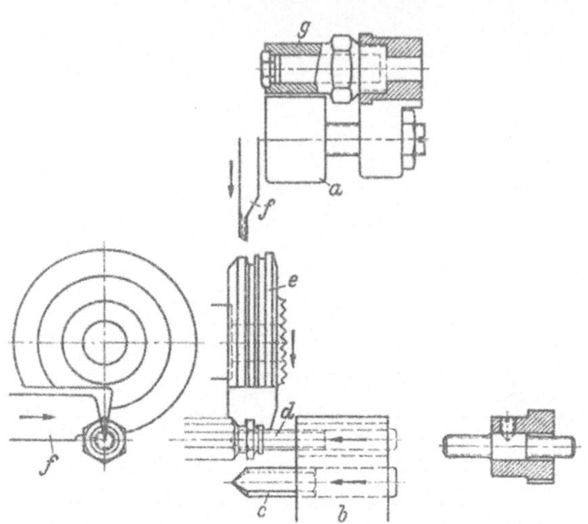

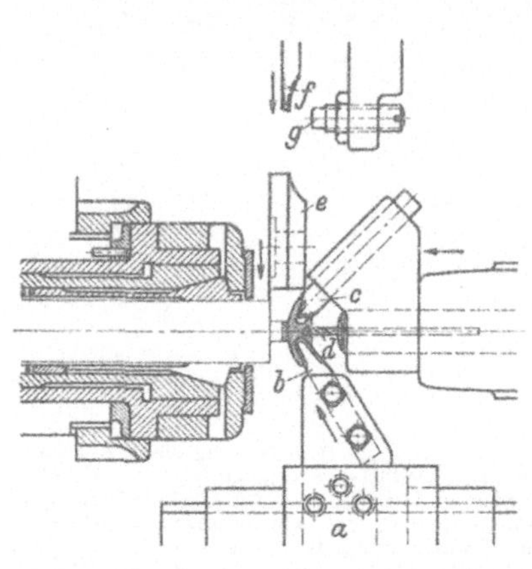

Abb. 37. Bearbeitung einer Messingmutter mit Gewinde. *a* Anschlag im Greifarm; *b* Stahlhalter für zwei Bohrwerkzeuge im Langdrehschlitten; *c* Anbohrer; *d* Flachbohrer; *e* Formstahl auf dem hinteren Querschlitten; *f* Abstechstahl von oben; *g* Aufnahmebüchse im Greifarm zum Abnehmen und Abführen des Teiles in einen getrennten Behälter.

Abb. 38. Bearbeitung eines Messingknopfes. *a* Langdrehschlitten, dessen schräge Bewegung für den Stahl *b* durch entsprechende Abstimmung der Langdrehkurve und der Plankurve des Querschlittens gesteuert wird; *c* Vordreh- und Formstahl im Bohrschlitten; *d* Bohrer im Bohrschlitten; *e* Rundformstahl auf hinterem Querschlitten; *f* Abstechstahl von oben; *g* Anschlag im Greifarm.

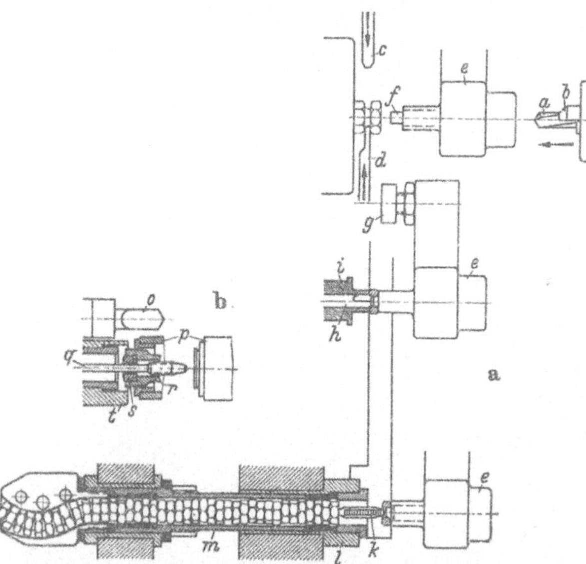

Abb. 39a. Bearbeitung von Sechskantmuttern mit Mutternschneideinrichtung. *a* Bohrer mit Senker *b*; *c* Einstechstahl; d Abstechstahl; *e* Greifarm mit Aufnahmedorn *f*, welcher federnd in einer Hülse sitzt; *g* Anschlag; *h* Senker für die hintere Seite, besonders angetrieben; *i* Lagerbüchse für den Senker; *k* Gewindebohrer; *l* vordere Lagerbüchse; *m* Gewindebohrspindel, besonders angetrieben.
Abb. 39b. Senker und Gewindebohreinrichtung für Rundmuttern. *o* Senker; *p* Greifarm; *q* Gewindebohrer; *r* Spannzange im Greifarm; *s* Arbeitsstück; *t* vordere Lagerbüchse der Gewindebohrspindel.

eingeschnitten. Der normale Maschinengewindebohrer hat zu wenig Auslauf und kann daher nicht genügend Anschnitt erhalten. Wirtschaftlicher ist es, diese Muttern auf Mutternschneidautomaten fertig zu bearbeiten. Diese Sondermaschinen haben ein Trichtermagazin, so daß nur geringe Bedienungskosten entstehen.

Kleinere Muttern aus Messing oder Schraubenstahl bis etwa M 6 können dagegen wirtschaftlich auf Schraubenautomaten hergestellt werden, wenn eine entsprechende Sonderausrüstung angebaut werden kann. Zur Bearbeitung (Abb. 39) sind folgende Arbeitsgänge notwendig:

1. Bohren.
2. Bohrung vorn ansenken.
3. Vorstechen.
4. Abstechen.
5. Bohrung hinten ansenken.
6. Gewindeschneiden.

Die Arbeitsgänge 1 bis 4 werden auf der Spindel vorgenommen, danach werden die Muttern durch einen Greiferarm zunächst einem umlaufenden Senker und dann dem ebenfalls umlaufenden Gewindebohrer zugeführt. Dieser Gewindebohrer hat ein leicht hakenförmiges, gekrümmtes Schaftende und liegt lose in der entsprechend ausgebildeten Bohrung der Gewindespindel, umgeben von den über den Schneidenteil geschobenen Muttern, so daß er durch die Drehung der Spindel mitgenommen wird. Die fertigen Muttern rutschen allmählich durch den Kanal über den Schaft nach hinten, bis sie hinter der Krümmung in einen Behälter fallen.

Rundmuttern müssen durch eine im Greifarm befindliche Spannzange eingespannt werden, da sie sich sonst mitdrehen. Der Gewindebohrer muß in diesem Falle auch so weit aus seiner Lagerbuchse herausragen, daß der Greifarm sich mit der einge-spannten Mutter ganz über den Schneidenteil des Gewindebohrers schieben läßt. Der Greifarm muß daher auch entsprechend der Gewindesteigung vorwärts bewegt werden. Die Spannzange wird erst geöffnet, wenn die Mutter ganz über den Schneidenteil gelaufen ist (Abb. 39 b).

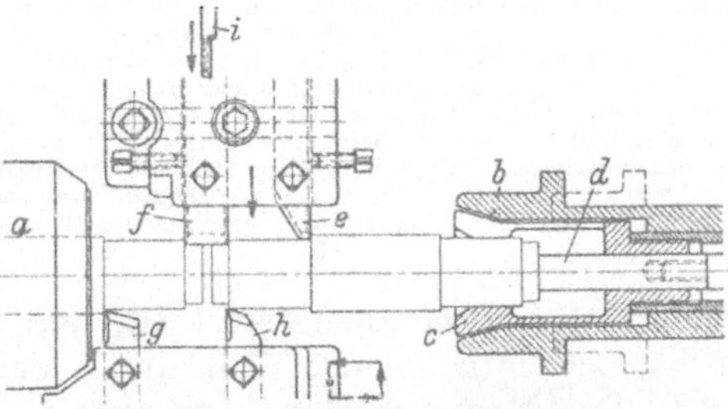

16. Mitlaufende Gegenspindel.

Für manche Arbeitsstücke ist es notwendig, die Abstechseite vollkommen glatt ohne Abstechbutzen zu erhalten, oder es muß an der Abstechseite eine Spitze oder ähnliche Form fertig bearbeitet werden. Um in solchen Fällen eine Nacharbeit auf einer zweiten Maschine zu vermeiden, wird der Arbeitsspindel gegenüber eine Gegenspindel angeordnet, welche mit gleicher Drehzahl und in gleicher Richtung angetrieben wird. Diese Gegenspindel ist mit einer Zangenspannvorrichtung ausgerüstet, welche durch eine unabhängige Kurve gesteuert wird. Eine weitere Kurve steuert die Längsbewegung der Spindel. Nach erfolgtem Abstich und Erledigung eines gegebenenfalls notwendigen Arbeitsganges am freien Ende des Arbeitsstückes geht die Gegenspindel

Abb. 40. Bearbeitung eines Rollenbolzens.
a Arbeitsspindel; *b* mitlaufende Gegenspindel; *c* Spannzange; *d* Anschlag- und Ausstoßbolzen, unabhängig gesteuert; *e* und *f* Einstechstähle auf dem hinteren Querschlitten; *g* und *h* Langdrehstähle auf dem vorderen Langdrehschlitten; *i* Abstechstahl von oben.

Der Abstechstahl *i* ist so weit vor die Arbeitsspindel gerückt, daß das vordere Arbeitsstück fertig bearbeitet werden kann, während der erste Zapfen des folgenden Teiles gleichzeitig bearbeitet wird. Der vordere Zapfen des ersten Teiles wird dabei in einer mitlaufenden Gegenspindel gespannt, wodurch ein sauberer Abstich erreicht wird. Nach dem Abstechen wird das Teil durch Vorschieben des Anschlages *d* ausgestoßen.

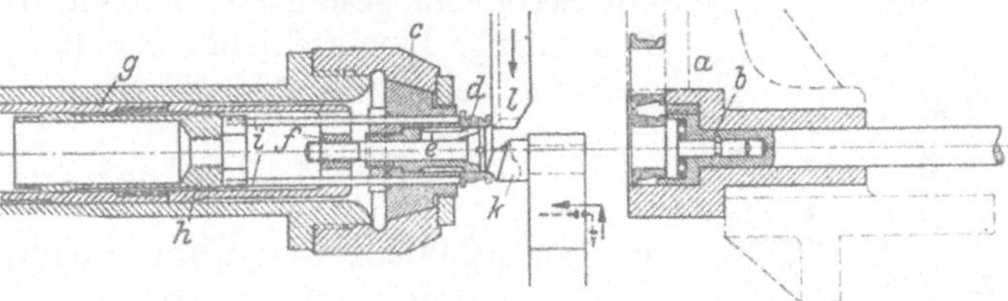

Abb. 41. Bearbeitung der Stirnfläche und der Innenausrundung eines Innenringes für ein Kegelrollenlager.

Das Teil wurde auf anderen Automaten vorgearbeitet und muß daher durch eine Magazineinrichtung zugeführt werden. Das Magazin *a* (s. auch Abb. 43) ist auf dem Bohrschlitten befestigt. Das unterste Arbeitsstück sitzt vor dem Einstoßbolzen *b*. Im Spindelkopf *c* ist ein Spreizdorn *d* eingebaut zur Aufnahme der Teile. Der Kegel *e* zum Spreizen des Dornes *d* ist durch ein Zwischenstück *f* mit dem Spannrohr *g* verbunden. An Stelle der normalen Vorschubpatrone ist eine Ausstoßmuffe *h* in das Vorschubrohr eingeschraubt. Die Muffe *h* bewegt nach dem Lösen des Spanndornes *d* zwei Ausstoßstifte *i* nach vorn, die das Arbeitsstück von dem Dorn abschieben. Zum Aufspannen des neuen Teiles wird der Bohrschlitten mit dem Magazin so weit vorgeschoben, bis das Teil kurz vor dem Spanndorn steht. Der Bolzen *b* schiebt dann, durch eine besondere Kurve gesteuert, den Ring auf den Dorn. Nach dem Spannen geht der Bohrschlitten zurück und nach Zurückbewegen des Bolzens *b* gelangt das nächste Teil vor die Mitte. Die Bohrung des Kegellagerringes wird von dem hinterdrehten Formstahl *k* ausgerundet, der in einem Stahlhalter des vorderen Langdrehschlittens befestigt ist. Die Stirnseite wird durch Stahl *l* von dem hinteren Querschlitten aus plangedreht.

zurück, die Zange öffnet sich und ein federnder oder besonders gesteuerter Ausstoßbolzen schiebt das Teil aus der Zange (Abb. 40).

Teile mit glatter Außenform können auch nach Öffnen der Spannzange mit dem nächstfolgenden Teil in die durchbohrte Gegenspindel hineingestoßen werden. Sie rutschen dann hintereinander durch die Spindel und sind am hinteren Ende abzufangen.

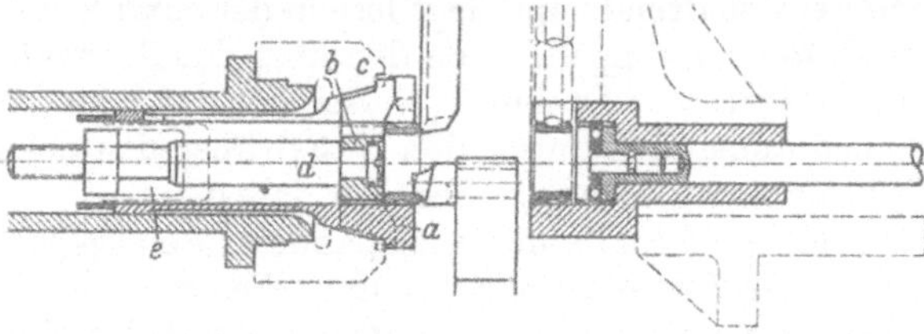

Abb. 42. Fertigbearbeiten der Stirnfläche und der Innenausrundung eines Kugellagerinnenringes.
Die Bearbeitung entspricht dem Beispiel Abb. 41 mit dem Unterschied, daß der Innenring am Außendurchmesser in einer Zange *a* gespannt werden kann. — Als Anschlag nach hinten dient die Hülse *b*, welche sich nach hinten durch drei schmale Arme zwischen den drei Schlitzen der Spannzange am Spindelkopf *c* abstützt. — Die Hülse *b* ist durch den Bolzen *d* mit dem Vorschubrohr *e* verbunden, das nach dem Aufspannen das Arbeitsstück ausstößt. Die übrigen Teile entsprechen der Abb. 41.

17. Magazineinrichtungen. Für die Bearbeitung der zweiten Seite von Arbeitsstücken, die auf anderen Maschinen von der Stange bearbeitet worden sind, genügen vielfach wenige Werkzeuge, so daß ein Schraubenautomat ausreicht. Die Ausbildung des Magazinkastens hängt von der Form der Arbeitsstücke ab. Er besteht meist aus einem Rahmen, der aus mehreren Flachstücken zusammengesetzt ist, und der Zuführungshülse, in welche das zunächst zu entnehmende Teil durch das Gewicht der übrigen hineingeschoben wird. Der Magazinkasten kann entweder am Maschinengestell, auf einem Querschlitten oder auf dem Bohrschieber befestigt werden.

Im ersten Fall muß das Teil durch einen Ladeschieber auf dem Querschlitten oder vom schwingenden Greifarm der Spannvorrichtung zugeführt werden.

Im anderen Fall führt der betreffende Schlitten das Magazin mit seinem unteren Ende vor die Spindel, worauf ein besonders gesteuerter Ladedorn das Arbeitsstück in die Spannzange hineinschiebt. Ein Beispiel für eine solche Einrichtung zeigen die Abb. 41 bis 43.

III. Langdrehautomaten.

A. Grundsätzliches über Bauart und Verwendung.

18. Arbeitsweise als Büchsendrehautomat. Die Langdrehautomaten sind Stangenautomaten, die entwickelt worden sind, um lange und dünne Drehteile mit großer Genauigkeit fertig zu bearbeiten. Alle Maschinen dieser Art haben als wichtigstes Kennzeichen die „Führungsbüchse" gemeinsam, weshalb sie auch als Büchsendrehautomaten bezeichnet werden.

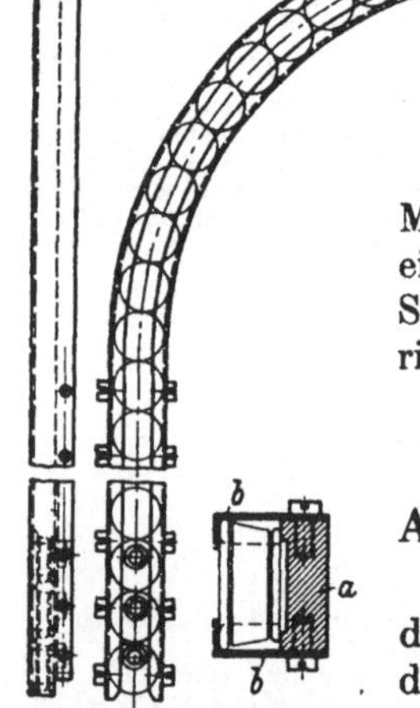

Abb. 43. Magazinkasten für Arbeitsstücke nach Beispiel Abb. 41 u. 42. Das Magazin ist möglichst einfach und leicht gebaut. An die Rückwand *a* sind die beiden seitlichen Führungsbleche *b*, die der Form des Arbeitsstückes entsprechen, angeschraubt.

Die Werkstoffstange wird in der Arbeitsspindel durch eine Spannzange festgespannt und mit dieser durch eine in Längsrichtung feststehende Führungsbüchse geschoben. In geringem Abstande vor dem freien Ende der Führungsbüchse sind 3 bis 5 Schneidstähle angeordnet, welche durch Kurven gesteuert auf schwingenden oder schlittenartig geführten Werkzeugträgern sitzen und quer zur Drehspindel bewegt werden können. Zum Langdrehen wird ein entsprechender Stahl durch eine Kurve radial auf richtigen Drehdurchmesser eingestellt und bleibt durch konzentrische Ausbildung der Kurve so lange in dieser Stellung, bis der Werkstoff der zu überdrehenden Länge entsprechend vorgeschoben wurde.

Soll mit dem gleichen Stahl anschließend ein stärkerer Durchmesser überdreht werden, so fällt die radial steuernde Kurve ein Stück zurück, und der Werkstoff wird dann wieder weiter vorgeschoben. Beim reinen Einstechen und Formen erhält der Werkstoff keine Längsbewegung, dagegen wird der betreffende Werkzeugträger radial bewegt.

Durch das Zusammenarbeiten mehrerer Stähle, von denen einzelne mehrmals zum Drehen einschwenken können, ist es möglich, an langen Teilen viele verschiedene Drehdurchmesser auch hinter Bunden und Absätzen nacheinander und genau laufend zueinander zu bearbeiten.

Viele solcher Teile sind auf anderen Maschinen trotz Anwendung von Rollenführungen und Drehen zwischen Spitzen nicht in der erforderlichen Genauigkeit herzustellen.

19. Die Anordnung der Querwerkzeuge ist verschieden. Bei kleineren Maschinen und solchen zur Verarbeitung von gewöhnlichen Werkstoffen ist die Verteilung von 3 bis 4 Stahlhaltern nach Abb. 44 und 45 häufig anzutreffen. Die Werkzeuge verteilen sich in der Planebene auf 180°.

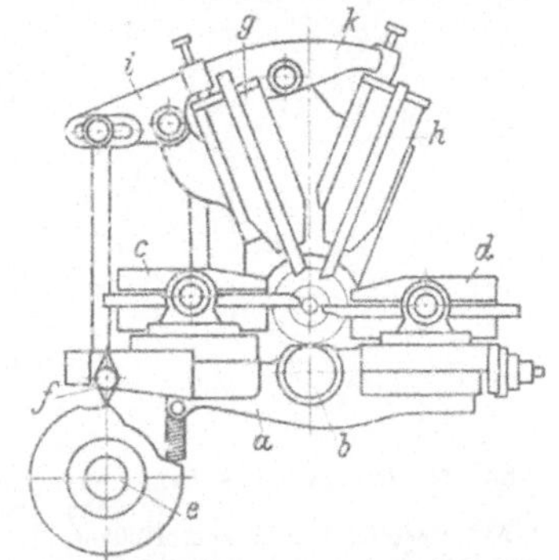

Abb. 44. Schema der Stahlanordnung eines Langdrehautomaten mit Wippe. *a* Wippe, um Punkt *b* schwenkbar, trägt zwei Stahlhalter *c* und *d*; *e* Kurvenwelle. *f* Taststein an der Wippe zur unmittelbaren Übertragung der Kurvenhübe; *g* und *h* obere Stahlhalter, gleiten in Prismaführungen; *i* und *k* Übertragungshebel für die oberen Schlitten.

Dadurch müssen die Stähle an den Enden ziemlich spitz angeschliffen werden, damit sie sich beim gemeinsamen Vorgehen nicht stören. Dies gestattet keine hohen Spandrücke. Da

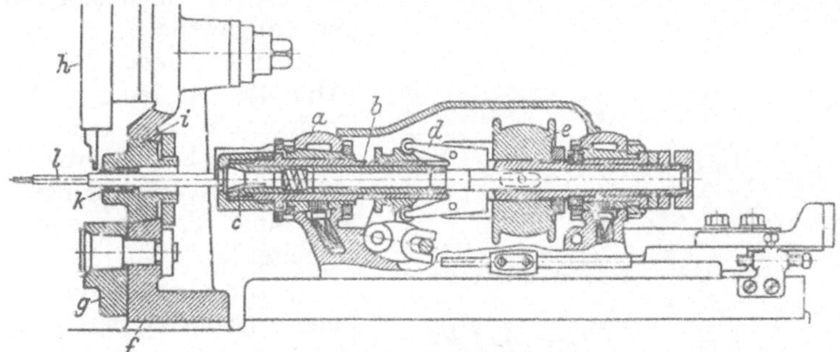

Abb. 45. Schnitt durch einen Langdrehautomaten mit fester Führungsbuchse und längsbeweglichem Spindelkasten. *a* Spindelkasten; *b* Arbeitsspindel; *c* Spannzange; *d* Spannhebel; *e* Antriebsscheibe; *f* Lagerbock für die Werkzeugschlitten, am Maschinengestell befestigt; *g* Wippe; *h* oberer Stahlhalter; *i* Führungsbüchse mit Einsatzbuchse *k*; *l* Werkstück. — Die Führungsbüchse *i* kann herausgenommen werden, wenn der Automat bei kurzen Arbeitsstücken als Freidreher arbeiten soll. Der Spindelkopf tritt dann durch die entstandene Öffnung in den Lagerbock *f*.

meistens Automatenstahl verarbeitet wird und der genauen sauberen Oberfläche wegen feine Vorschübe angewendet werden, bleibt die Belastung in den zulässigen Grenzen.

Die beiden unteren Stähle sitzen auf einem gemeinsamen Doppelhebel, der sog. Wippe. Es kann daher immer nur einer von diesen arbeiten. Der Taststein der Wippe gleitet unmittelbar auf der Steuerkurve, also ohne Zwischenhebel, und diese arbeitet daher mit der größten Genauigkeit. Die beiden oberen Schlitten werden über Hebel und Gestänge gesteuert. Die Drehstähle selbst sind einfach und ihrer jeweiligen Verwendung entsprechend angeschliffen.

Bei einer anderen Bauart, Abb. 46 und 47, sind die 4 Querstahlhalter als doppelarmige Hebel ausgebildet und auf 360⁰ verteilt, also um je 90⁰ versetzt.

Durch diese Anordnung bleibt der volle Querschnitt des Stahles bis zur Schneidkante erhalten, und dadurch wird eine gute Abstützung ermöglicht. Um ein Abdrücken der Hebel durch den Vorschubdruck zu vermeiden, werden diese jeweils durch die Stirnfläche der Achse des nächsten abgestützt.

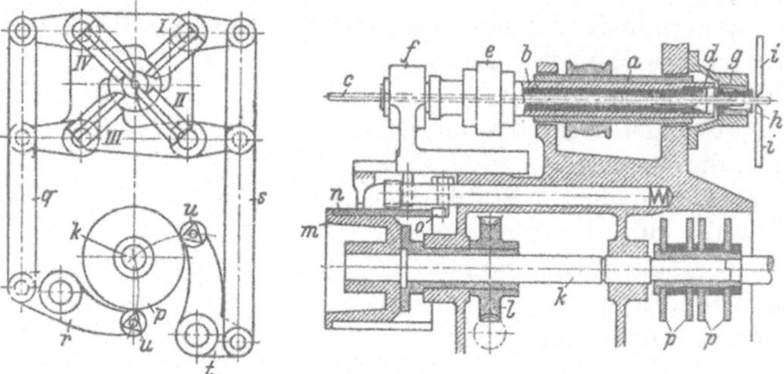

Abb. 46. Schema eines Langdrehautomaten mit vier um je 90⁰ versetzten Stahlhaltern (Pittler).

a Arbeitsspindel; b Werkstoffbüchse, in der Arbeitsspindel längs verschiebbar und von ihr durch Keile mitgenommen; c Werkstoffstange, in b durch Spannzange d über ein Druckrohr von der Spannmuffe e aus gespannt. Die Längsbewegung der Büchse b wird durch den Schieber f vermittelt, der in einer Führungsbahn auf dem Maschinengestell gleitet. g Flanschbüchse, in welcher die Führungszange h unabhängig von der Spindel drehbar gelagert ist (siehe Abb. 49). Unmittelbar vor der Führungsbüchse stehen die Drehstähle i, so daß das Arbeitsstück beim Drehen stets dicht an der Arbeitsstelle abgestützt wird, also auch bei langen, dünnen Teilen keine Abbiegung erleidet. Die Werkstoffvorschubbüchse b und die Stahlhalter werden von der Steuerwelle k betätigt; die über Wechselräder durch Schneckenrad l angetrieben wird. Auf der Trommel m sitzt die Mantelkurve n, welche über den Taststein o den Schieber f bewegt. Die vier Kurvenscheiben p, auf einer Büchse verschraubt, betätigen die vier Stahlhalterhebel I bis IV. q Zugstange für Hebel I und s für Hebel II, r und t Hebel, deren Taststeine u auf den Kurven gleiten. Da alle vier Stahlhalter unabhängig gesteuert werden, sind sie beliebig oft nacheinander oder paarweise anzusetzen. Durch die um je 90⁰ versetzte Anordnung ist auch die Verwendung von Rundformstählen möglich (s. Abb. 47).

Die Anordnung der um 90⁰ versetzten Stahlträger ermöglicht auch die Anwendung von Rundformstählen in ein oder zwei der Stahlhalter (Abb. 47).

20. Arten der Werkstoffführungsbüchse. Die Werkstoffführungsbüchse wird in verschiedenen Ausführungen angewendet:

a) Die feste Führungsbüchse (Abb. 45) ist leicht aus Hartguß, Temperguß oder gehärtetem Stahl herstellbar, bedingt aber sehr genau gezogenen Werkstoff nach DIN 667 mit einer Toleranz von — 3 Paßeinheiten.

b) Die einstellbare Führungsbüchse (Abb. 48) wird ähnlich einer Spannzange mehrfach geschlitzt und mit einer oder zwei Kegelflächen versehen. Durch eine Mutter kann der Durchmesser in geringen Grenzen eingestellt werden. Die Ziehtoleranzen der verschiedenen Werkstoffstangen können, wenn man die Stangen entsprechend aussucht, durch Nachstellen der Führungsbüchse ausgeglichen werden.

Abb. 47. Ansicht gegen die Werkzeugträger eines Langdrehautomaten. Unten rechts Rundformstahlhalter mit Rundformstahl.

c) Die selbsteinstellende, sog. „atmende" Führungsbüchse (Abb. 49) entspricht in ihrem Aufbau einer Spannzange. Durch eine starke Druckfeder wird diese Führungszange dauernd in den Kegel der darüberliegenden starren Büchse gezogen, so daß die Werkstoffstange stets fest eingespannt wird ohne Rücksicht auf vorhandene Durchmesserunterschiede. Beim Vorschieben des Werkstoffes wird der Federdruck überwunden, aber die satte Anlage der Führungszange bleibt bestehen. Als wesentlicher Vorteil ist die Möglichkeit anzusprechen, daß normaler gezogener Werkstoff nach DIN 668, d. h. mit — 10 Paßeinheiten, verwendet werden kann. Voraussetzung ist natürlich, daß die Stangen gut gerichtet sind und keine kurzen Krümmungen aufweisen.

Eine andere Ausführung einer selbsteinstellenden Führungsbüchse zeigt Abb. 50, bei der besonders kurze Baulänge angestrebt wurde, um möglichst geringe Restlängen der Werkstoffstangen zu erreichen.

Führungsbüchsen mit federnder Selbsteinstellung können auch die Aufgabe übernehmen, den Werkstoff in Längsrichtung zu halten und mit der Arbeitsspindel umlaufen zu lassen, und zwar dann, wenn die Spannzange nach dem Abstich geöffnet und über den Werkstoff um eine Teillänge zurückgeschoben wird.

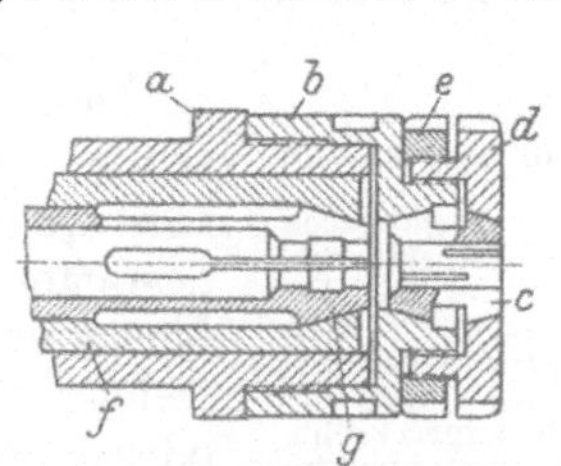

Abb. 48. Spindelkopf mit einstellbarer Führungsbüchse.
a Arbeitsspindel; b Aufnahmebüchse für die Führungsbüchse; c Führungsbüchse mit Doppelkegel; d Einstellmutter; e Gegenmutter zur Sicherung der Einstellung; f Spannrohr und g Spannpatrone in der Spindel.

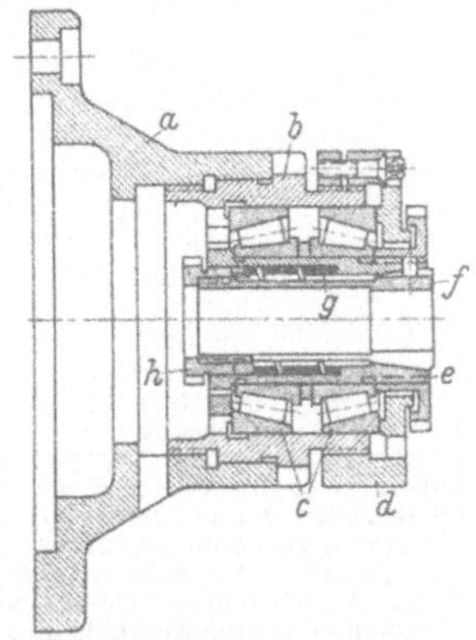

Abb. 49. Federnde Führungszange mit selbsttätiger Einstellung (g in Abb. 46).
a Gehäuse, am Spindelkasten befestigt; b Einsatzhülse; c Kegelrollenlager, durch Mutter d einstellbar; e Aufnahmebüchse; f auswechselbare Führungsbüchse mit Bohrung entsprechend dem Werkstoffdurchmesser, dreifach geschlitzt; g Druckfeder, welche die Führungsbüchse in den Kegel der Aufnahmebüchse e zieht; h Gegenmutter auf der Führungsbüchse.

Bei festen Führungsbüchsen wird bei einigen Maschinen die Stange mittels Gewichtsvorschub nach dem Abstechen und Öffnen der Spannzange durch den noch vor der Spindel stehenden Abstechstahl gehalten, bis die Zange wieder geschlossen ist.

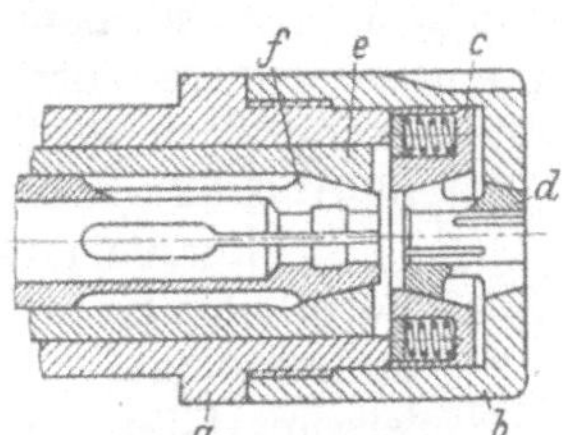

Abb. 50. Federnde Führungszange mit Doppelkegel.
a Arbeitsspindel; b Überwurfmutter; c Einstellkegel, durch Federn gegen die Führungsbüchse d gedrückt; e längsverschiebbare Pinole und f Spannzange.

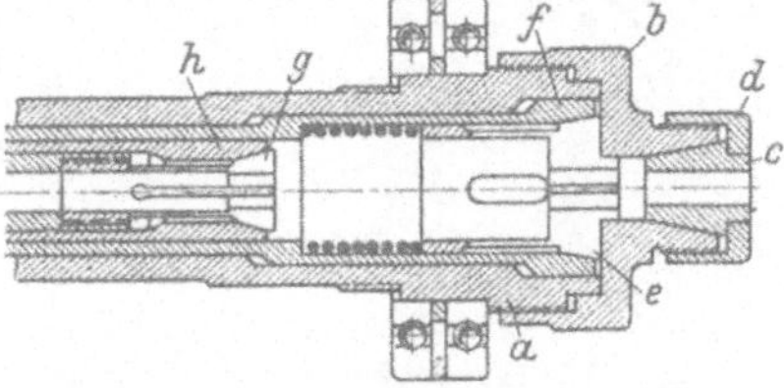

Abb. 51. Feste, mit der Spindel umlaufende Führungszange in einem Automaten mit zwei Spannzangen.
a Arbeitsspindel; b Aufnahmehülse für die Führungsbüchse; c Führungsbüchse; d Überwurfmutter; e erste Spannzange mit Spannrohr f zum Spannen des Werkstoffes, wenn die zweite Spannzange g geöffnet ist und zum Nachfassen der Werkstoffstange zurückbewegt wird; g zweite Spannzange mit Spannrohr h zum Vorschieben des Werkstoffes beim Bearbeiten.

Bei anderen Automaten wird durch eine besondere federnde Haltezange oder auch durch eine besonders gesteuerte zweite Spannzange der Werkstoff in der fraglichen Zeit in Stellung gehalten (Abb. 51).

B. Zusatzeinrichtungen.

21. Vergleich mit dem Schraubenautomaten. Wenn auch mit den 3 bis 5 Drehstählen fast alle vorkommenden Außenformen hergestellt werden können, so sind

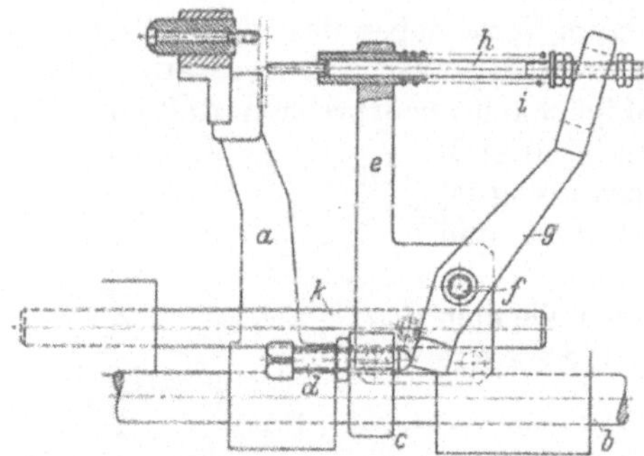

Abb. 52. Ausstoßvorrichtung mit vergrößertem Hub
für lange Schrauben.

a Greifarm; *b* Achse des Greifarmes; *c* Klemmstück
mit Anschlagschraube *d*, auf der Achse *b* festgeklemmt.
Lagerarm *e*, mit Bolzen *k* am Maschinengestell befestigt, trägt den um Punkt *f* drehbaren, geschlitzten
Hebel *g*. Hebel *g* umfaßt die in dem Arm *e* verschiebbar gelagerte Ausstoßstange *h*. Feder *i* hält die
Stange *h* nach hinten. Wenn Greifarm *a* zurückgeht,
nachdem er vor die Ausstoßstange geschwenkt wurde,
stößt Schraube *d* gegen den kurzen Arm des Hebels *g*
und dieser bewegt die Stange *h* mit vergrößertem Weg
nach links zum Ausstoßen der Schraube aus der
Greifarmbüchse.

doch zur Fertigbearbeitung vieler Drehteile ähnliche Zusatzeinrichtungen wie
bei den Schraubenautomaten erforderlich.

Diese sind auch in ihrem grundsätz-
lichen Aufbau die gleichen, z. B.:

Gewindeschneideinrichtung,
Bohr- und Schnellbohreinrichtung,
mitlaufende Gegenspindel,
Greifer mit Schlitzeinrichtung usw.

Die flache Bauart der radial arbeitenden Werkzeugträger im Vergleich zu
den Querschlitten der Formautomaten
gestattet auch die Ausrüstung dieser
Maschinen mit solchen Einrichtungen,
welche 2 bis 3 Spindeln zum Bohren
oder Gewindeschneiden durch Schwen-
ken um einen Zapfen nacheinander vor
die Spindel schalten. Damit ist es möglich, Bohrungen mit Innengewinde oder
2 Gewinde herzustellen. Ebenso wird
auch hier der schwingende Greifarm zu
verschiedenen Arbeiten, wie Zentrieren,
Bohren oder dergleichen, herangezogen.
Da vielfach ziemlich lange Schrauben
mit Schlitz zu versehen sind, reicht oft
die vorhandene Bewegungsmöglichkeit
des Greifarms nicht aus, um die Schraube
nach dem Schlitzen durch einen festen
Stift auszustoßen. In solchem Falle
muß durch eine besondere Vorrichtung
der Ausstoßweg vergrößert werden, wie
in Abb. 52 gezeigt.

Bei kurzen, einfachen
Formteilen ist der Lang-
drehautomat weniger
leistungsfähig als der
Schraubenautomat, da
bei ihm Langdreh- und
Plandreharbeiten nach-
einander ausgeführt wer-
den müssen. Sehr lange
Arbeitsstücke, deren
Länge die Höhe der Werk-
stoffvorschubkurve
überschreitet, können
bearbeitet werden, in-
dem nach Beendigung
des ersten Drehweges
die Spannzange noch
einmal geöffnet und

Abb. 53. Bearbeitung einer Motorenwelle von 230 mm Länge auf Automaten
nach Abb. 46.

1. Stahl *II* und *III* drehen zusammen den vorderen Zapfen, Stahl *II* schwenkt
dann zurück; 2. Stahl *III* überdreht den Durchmesser bis zum Bund; 3. Stahl
II bearbeitet den Einstich hinter dem Bund. Die Spannzange öffnet hier
und die Vorschubspindel geht erneut zurück, um Werkstoff nachzufassen;
4. Stahl *I* hat den hinteren Schaft überdreht, der Abstechstahl *IV* sticht ein;
5. Stahl *II* und *III* drehen den hinteren Zapfen; 6. Stahl *IV* sticht ab. Die
Rollengegenführung verhindert dabei das Abbiegen des Teiles.

wieder um die restliche Drehlänge über den Werkstoff zurückbewegt wird. Nach dem Schließen der Spannzange kann dann durch einen neuen Anstieg der Werkstoffvorschubkurve die zweite Hälfte des Teiles überdreht werden. Ein Schlagen der beiden Drehlängen zueinander ist bei gut gerichtetem Werkstoff nicht zu befürchten, da die Führungsbüchse ja für den Rundlauf entscheidend bleibt. Beispiel Abb. 53 ist auf diese Weise hergestellt. Allerdings können dann in den meisten Fällen Zusatzeinrichtungen nicht mehr angewendet werden, da das Arbeitsstück zu weit vorragt.

22. Schnellgang der Steuerwelle. Das Zurückbewegen der geöffneten Spannzange um eine Teillänge nach dem Abstechen bedeutet besonders bei langen Ar-

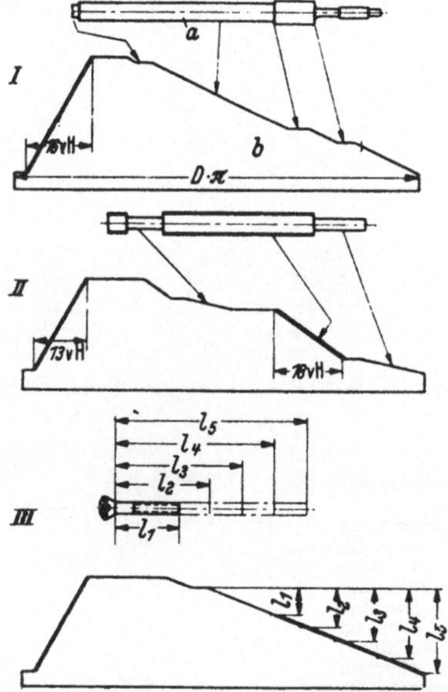

Abb. 55. Ausnutzung des Schnellganges der Steuerwelle.

I. *a* Werkstück; *b* die dazu gehörige Werkstoffvorschubkurve, schematisch dargestellt. Das Teil wird auf seine ganze Länge überdreht. Der stark gezeichnete Teil der Kurve bezeichnet den Rückgang der Spannzange um eine Werkstücklänge und wird als Leerzeit im Schnellgang zurückgelegt. Zeitersparnis für das Beispiel etwa 16% der Zeit für eine Steuerwellendrehung.

II. Bei diesem Arbeitsstück wird der stark gezeichnete Teil nicht überdreht, also im Schnellgang vorgeschoben = 18%. Dazu kommt noch der Rückgang der Spannzange mit 13%, so daß insgesamt 13 + 18 = 31% gespart werden.

III. Es sind Kopfschrauben von gleichem Durchmesser jedoch in verschiedenen Längen zu drehen. Die Kurve wird für die längste Schraube ausgeführt. Beim Drehen kürzerer Schrauben z. B. l_1 wird der stark ausgezogene Teil des Längsvorschubweges der Kurve im Schnellgang durchlaufen, so daß die Verlustzeit nur ganz geringfügig wird und keine Kurve gewechselt werden braucht. Der Rückgang der Arbeitsspindel wird in diesem Falle durch eine verstellbare Anschlagschraube so verkürzt, daß der Werkstoff nur um die jeweils der Schraubenlänge entsprechende Strecke vorgeschoben wird.

beitsstücken und größeren Stückzeiten einen beträchtlichen Zeitverlust. Um diesen Nachteil zu vermeiden, besitzen verschiedene Maschinen einen durch Nocken ein- und abschaltbaren Eilgang der Steuerwelle zur Überbrückung dieser Leerwege. Mit Hilfe dieses Eilganges ist es ferner möglich, unbearbeitete Längen des Werkstoffes schnell vorzuschieben (Abb. 55). Arbeitsstücke einfacher Art, wie Schrauben mit verschiedenen Schaft- oder Gewindelängen, können mit einem einzigen Kurvensatz hergestellt werden, wenn dieser für die größten Längen berechnet wurde. Bei allen kürzeren Teilen wird zum Überbrücken der Leerwege der Schnellgang eingeschaltet. Die Kurvenwege für die quer arbeitenden Werkzeuge (Einstechen, Formen, Abstechen) werden dabei für die kürzeste Schraube ausgelegt. Sind häufig Schrauben verschiedener Länge und Durchmesser herzustellen, so daß der Automat wegen geringerer

Stückzahlen in kurzen Zeitabständen umgestellt werden müßte, so können die Planwege und die Vorschubwege für die Schraubenkopfbreiten so groß gehalten

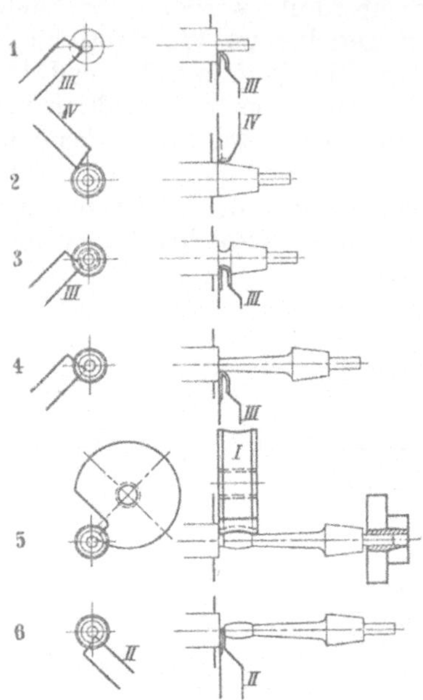

Abb. 56. Bearbeitung eines Hahnkegels aus Messing. 1. Stahl *III* übernimmt das Langdrehen des zylindrischen Zapfens. 2. Drehen des Hahnkegels durch Stahl *IV*. Die Kurve ist so mit der Werkstoffvorschubkurve abgestimmt, daß beide Bewegungen den Kegel ergeben. 3. Stahl *III* sticht ein und dreht die Rundung an. 4. Stahl *III* dreht den kegeligen Schaft unter den gleichen Bedingungen wie unter 2 angeführt. Da Werkstoff Messing, kann der Stahl als Einstech- und Langdrehstahl arbeiten. 5. Rundformstahl *I* formt den Griffknopf. Dabei Abstützung von einer Gegenspindel bzw. Greifarm aus durch eine Führungsbuchse. 6. Stahl *II* sticht ab.

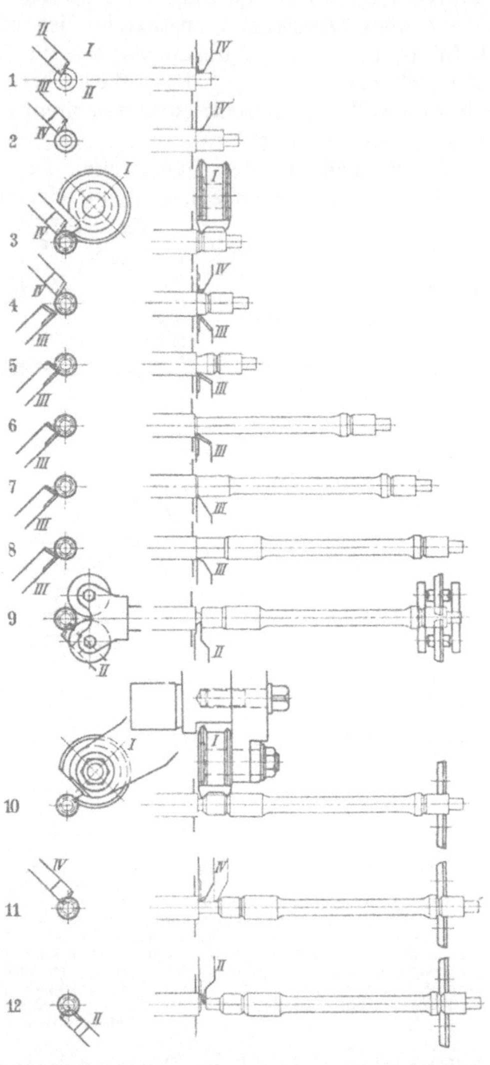

Abb. 57. Bearbeitung eines Zugankers aus Vergütungsstahl. Das Teil bietet insofern einige Schwierigkeiten, als vier einfache Stähle nicht zur Bearbeitung ausreichen, da die beiden schmalen Einstiche spiegelbildliche Form aufweisen. Durch Einfügung eines Formstahles, welcher drei Stellen bearbeitet, war die Lösung möglich. Es erübrigt sich, auf alle einzelnen Arbeitsstufen einzugehen, da diese klar aus der Zeichnung hervorgehen. Nur die Aufteilung der Rundformstahlarbeit sei beschrieben. 3. Die linke Seite des Formstahles formt den vorderen Einstich. 10. Die rechte Seite des Formstahles formt den hinteren Einstich, während die linke Seite noch mit der Innenseite den Übergang zum letzten Zapfen formt. Selbstverständlich müssen auch die Stähle *III* und *IV* mehrmals angesetzt werden, sogar der Abstechstahl muß bei 9 zum Einstechen herangezogen werden. — Die beiden Stützrollen kommen ab Stufe 9 zur Wirkung, um beim Ein- und Abstechen ein Abbiegen des Teiles zu verhindern.

werden, daß sie für mehrere Schraubendurchmesser ausreichen. Durch verschiedene Breite des Abstechstahles kann die Kopfhöhe auf das notwendige Maß gebracht werden. Trotz geringer Leerwege, die dadurch für die kleineren Schrauben entstehen, ist die Wirtschaftlichkeit größer, da ein großer Teil der Umrichtekosten fortfällt und auch weniger Kurvensätze notwendig sind.

23. Formdrehen. Kegel und Kurvenformen kann man bei Langdrehautomaten im allgemeinen nicht unmittelbar kopieren. Hierbei müssen die Werkstoffvorschubkurve und die betreffende Plankurve so abgestimmt werden, daß die zusammengesetzte Bewegung die Kurvenform ergibt (Beispiel Abb. 56).

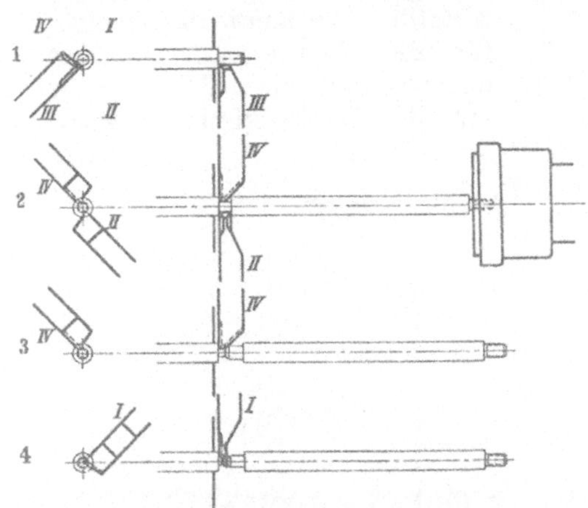

Abb. 58. Bearbeitung eines Gewindebolzens.
1. Drehen des vorderen Gewindezapfens durch Stahl *III*; 2. Gewindeschneiden und Einstechen durch Stahl *II*, Stahl *IV* schwenkt ein zum Langdrehen; 3. Langdrehen des hinteren Zapfens und Vorstechen des Abstiches durch Stahl *IV*; 4. Abstechen durch Stahl *I*. Der mittlere Teil bleibt unbearbeitet und wird im Schnellgang vorgeschoben.

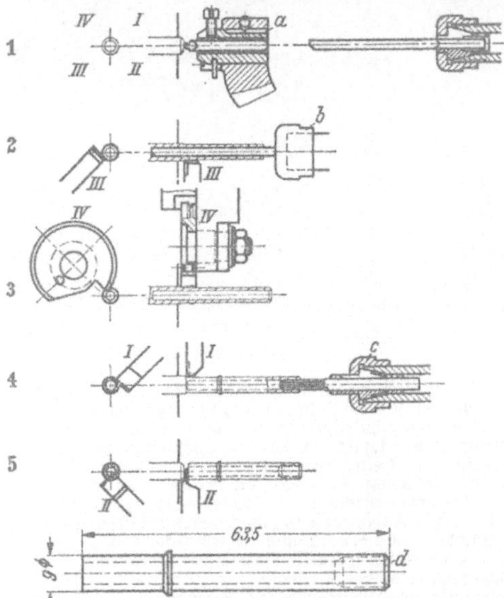

Abb. 60. Bearbeitung eines Messingteiles (*d*) mit langer Bohrung. Das Teil stellt durch seine Bohrung eine ungewöhnliche Aufgabe. Absatzweises Bohren durch Spiralbohrer war nicht möglich. Nach kurzem Anbohren durch den Greifarm wurde die Bohrung mit Erfolg durch einen einfachen Kanonenbohrer in einem Zug bearbeitet. 1. Anbohren vom Greifarm *a* aus; 2. Bohren auf ganze Tiefe durch Kanonenbohrer in der Bohrspindel *b*. Gleichzeitig wird durch Stahl *III* außen überdreht; 3. Einstechen und Formen des Bundes durch Rundformstahl *IV*; 4. Stahl *I* überdreht den hinteren Durchmesser, gleichzeitig Gewindeschneiden durch Gewindespindel *c*; 5. Abstechen durch Stahl *II*.

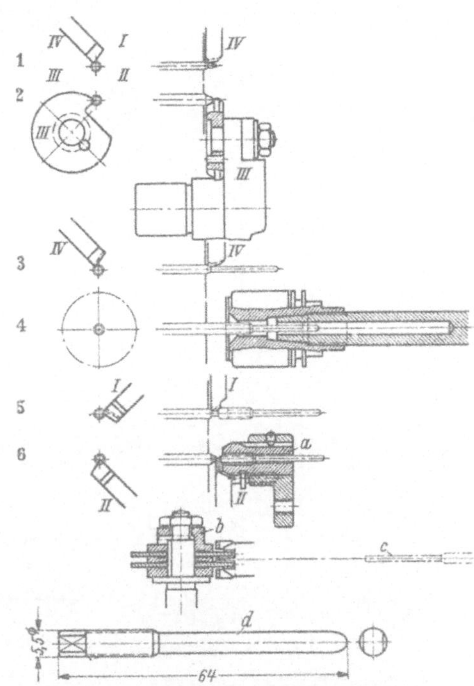

Abb. 59. Bearbeitung einer Stellspindel.
1. Vordrehen der Spitze in zwei Stufen durch Stahl *IV*; 2. Formen der Spitze durch Rundformstahl *III*; 3. Langdrehen des Schaftes durch Stahl *IV*; 4. Gewindeschneiden mit Schneidkopf; 5. Stahl *I* formt die hintere Rundung; 6. Stahl *II* sticht ab. — Aufnehmen durch Greifarm *a* zum Anfräsen von zwei Flächen durch Fräser in der Schlitzeinrichtung *b*; *c* Ausstoßstift; *d* Arbeitsstück.

Kürzere Formen sind dagegen meistens mit Flach- oder Rundformstahl zu bearbeiten. Bei sehr harten und zähen Werkstoffen, wie sie in der Flugzeugindustrie viel verwendet werden, ist jedoch oft auch bei kurzen Formen Langdrehen notwendig, wenn ein sauberes Drehbild verlangt wird. Damit solche Formen auch bei schärferen Übergängen von den Kurven übertragen werden können, sind die Übertragungshebel mit Taststeinen versehen, an Stelle der bei anderen Automaten üblichen Rollen. Es ist daher zweckmäßig, die Kurven zu härten, um die Abnutzung gering zu halten.

24. Auslegung des Werkzeugplanes.

Durch das Büchsendrehverfahren wird

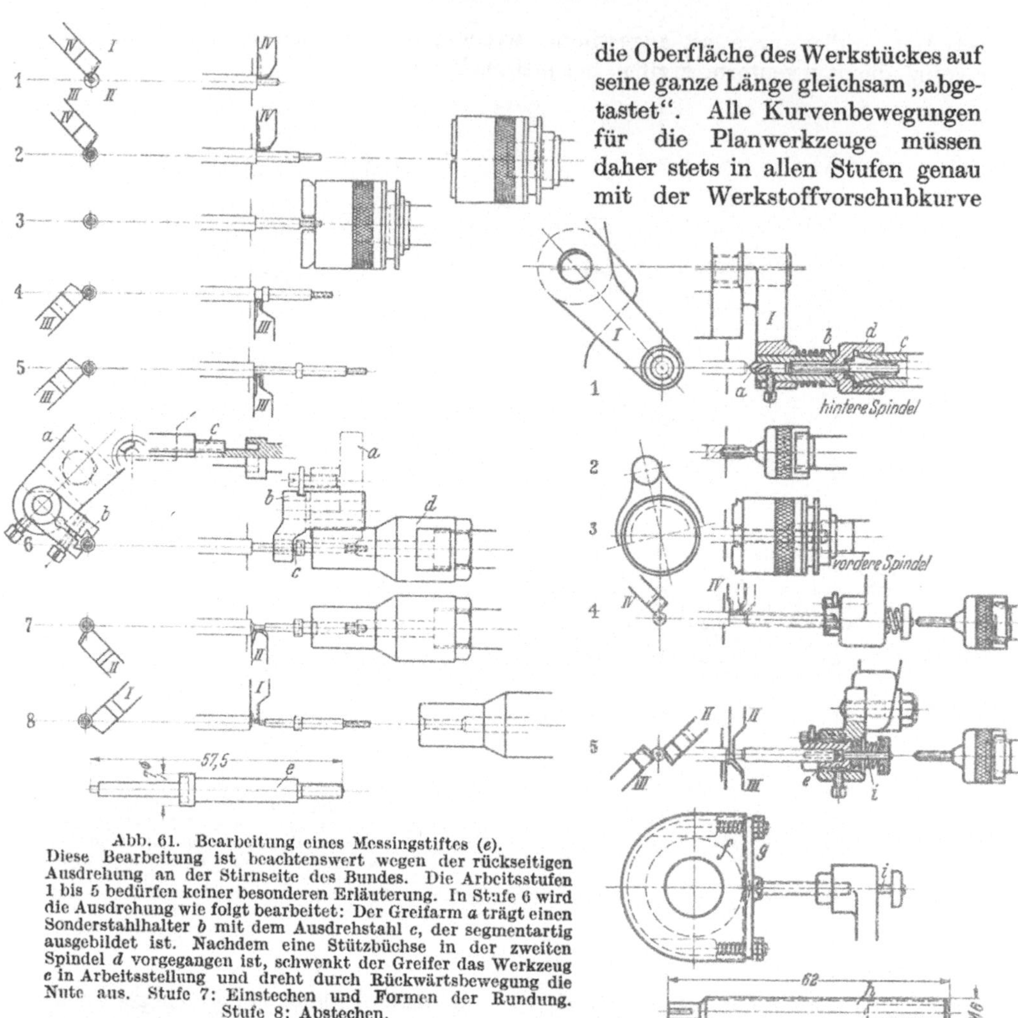

Abb. 61. Bearbeitung eines Messingstiftes (e).
Diese Bearbeitung ist beachtenswert wegen der rückseitigen
Ausdrehung an der Stirnseite des Bundes. Die Arbeitsstufen
1 bis 5 bedürfen keiner besonderen Erläuterung. In Stufe 6 wird
die Ausdrehung wie folgt bearbeitet: Der Greifarm a trägt einen
Sonderstahlhalter b mit dem Ausdrehstahl c, der segmentartig
ausgebildet ist. Nachdem eine Stützbüchse in der zweiten
Spindel d vorgegangen ist, schwenkt der Greifer das Werkzeug
c in Arbeitsstellung und dreht durch Rückwärtsbewegung die
Nute aus. Stufe 7: Einstechen und Formen der Rundung.
Stufe 8: Abstechen.

abgestimmt sein. Dies bedingt, daß jede Änderung der Stahlstellung, jeder Wechsel von einem Stahl zum anderen und jeder Übergang von Plandrehen auf Langdrehen als Arbeitsstufe besonders zeichnerisch festzuhalten ist, um daraus die genauen Kurvenabmessungen abzuleiten. Bei verwickelten Werkstücken werden daher oft 15 bis 20 und noch mehr solcher Stufen notwendig. Bei Bohr- und Gewindeschneidarbeiten, welche häufig während der Vorschubbewegung des Werkstoffes zum Langdrehen ausgeführt werden müssen, ist sehr sorgfältiges Berechnen erforderlich.

Abb. 62. Bearbeitung eines Gewindebolzens aus Messing (h).
Das Teil besitzt eine Bohrung und ein Außengewinde, so
daß eine zweispindelige Bohr- und Gewindeschneideinrichtung notwendig ist. Da ferner ein Schlitz einzuarbeiten
ist, wird der Greifer zur Aufnahme gebraucht. Da die
schwache Bohrung ein Anbohren verlangt, so wurde an
Stelle des Stahlhalters I ein Sonderwerkzeug eingesetzt,
welches einen Anbohrer a in einer verschiebbaren Hülse b
aufnimmt. Dieses Werkzeug kann wie jeder andere Werkzeugträger vor die Spindelmitte geschwenkt werden. Zum
Längsverschieben beim Anbohren dient die Bohrspindel c,
welche mit dem Außenkegel der Überwurfmutter d in einen
Gegenkegel der Hülse b eintritt und so diese richtig ein-
mittet und abstützt. Der Bohrer für Stufe 2 findet dabei
Platz in einer Ausbohrung der Hülse b.
Stufe 2: Bohren; Stufe 3: Gewindeschneiden mit Schneidkopf; Stufe 4: Drehen des hinteren Zapfens mit Stahl IV;
Stufe 5: Vorstechen durch Stahl III und Abstechen mit
Stahl II, dabei Aufnehmen in Greiferbüchse e. Am Schluß
Schlitzen mit Säge f. Da der Schlitz besonders tief ist
und das Werkstück lang heraussteht, kann das übliche
Federblech nicht verwendet werden. Die Brücke g ist auf
zwei Stiften geführt, durch zwei Federn nach außen ge-
halten und gibt dem Zapfen genügend Führung beim
Schlitzen. Der Ausstoßstift i, durch Feder zurückgehalten,
stößt das Teil beim Zurückgehen des Greifers aus.

Das Einrichten solcher Teile setzt daher eine genügend große Stückzahl voraus. Der Gewinn an Stückzeit ist aber meistens beträchtlich, da solche Teile vorher meist auf Drehbänken in mehreren Aufspannungen und unter häufigem Richten nur sehr unwirtschaftlich hergestellt werden konnten.

Die ausgeführten Beispiele Abb. 54 bis 62 zeigen vielfach auch die Anwendung von Zusatzeinrichtungen sowie die richtige Unterteilung in einzelne Arbeitsstufen, was die Aufstellung eines genauen Berechnungsblattes ungemein erleichtert.

Zur zeichnerischen Bestimmung der genauen Kurvenwege und der Schneidenform der Stähle ist eine vergrößerte Darstellung des Werkstückes im Maßstab 5 : 1 oder 10 : 1 sehr vorteilhaft.

IV. Revolverautomaten.

A. Allgemeines über die verschiedenen Bauarten.

Das Arbeitsgebiet der Revolverautomaten ist sehr vielseitig. Dementsprechend gibt es auch eine Reihe verschiedener Bauarten, die für besondere Anwendungsgebiete entwickelt wurden.

25. Der Revolverkopf ist allen gemeinsam. Er hat 4 bis 6 Schaltstellungen; mit den 2 bis 3 Querschlitten zusammen stehen daher 7 bis 9 Werkzeuggruppen zur Bearbeitung zur Verfügung. Da viele Leerwege und Schaltbewegungen gemacht werden müssen, ist die Leistung außer von der Spindeldrehzahl sehr von der Dauer dieser Leerzeiten abhängig.

26. Stangenarbeiten. Bei den Stangenautomaten sind folgende Merkmale kennzeichnend:

Beschränkung auf eine bestimmte, dem Werkstoffdurchlaß entsprechende Arbeitslänge.

Geringe Massen für die bewegten Teile, um die Schaltzeiten möglichst kurz halten zu können.

Für höchste Leistungen bei großen Stückzahlen wird das Steuerungsgetriebe so ausgebildet, daß alle Vorschubkurven für die Werkzeugträger den Abmessungen und Arbeitsfolgen des betreffenden Werkstückes genau angepaßt werden müssen: „Mehrkurvensystem". Die Einrichtekosten sind dadurch verhältnismäßig hoch, was aber durch die hohe Leistung bei genügend großen Stückzahlen wieder ausgeglichen wird. Eine besondere Hilfssteuerwelle mit gleichbleibender Drehzahl sorgt für schnellsten Ablauf aller einheitlichen Schaltvorgänge.

Bei geringeren Stückzahlen und häufigem Wechsel der Arbeitsstücke sind Automaten nach dem „Einkurvensystem" wirtschaftlicher. Bei diesen Bauarten trägt die Steuerwelle für den Revolverschlitten und für die Querschlitten feste, nicht auswechselbare Kurven, welche für den längsten Arbeitsweg ausreichen. Der Revolverkopf wird nun entweder in jeder Schaltstellung auf seinen Endweg geschoben, oder verstellbare Rollen lassen nur Teile der am Revolverschlitten befestigten Kurve zur Wirkung kommen.

Die Steuerwelle wird zur Erzielung der notwendigen Arbeitsvorschübe durch ein stufenlos veränderliches Getriebe (meistens Reibscheibengetriebe) angetrieben. Die Veränderung der Übersetzung wird über einen Hebel durch verstellbare Schienen auf einer Steuertrommel eingeleitet. Sind dagegen Leerwege zu durchlaufen, so wird ein Schnellgang mit gleichbleibender Drehzahl durch einstellbare Nocken eingeschaltet und kurz vor dem Beginn des Schneidvorganges wieder abgeschaltet.

Die Kurven für die Querschlitten ergeben bei gleichzeitiger Arbeit mit dem Revolverkopf einen im praktisch brauchbaren Verhältnis verkleinerten Vorschub; meistens $1/_2$ bis $1/_4$ des Revolvervorschubes.

Die Einrichtekosten bei diesen Maschinen sind daher gering, so daß auch das Einrichten kleinerer Stückzahlen noch wirtschaftlich ist. Die Schaltzeiten sind entsprechend den größeren Leerwegen etwas länger als beim Mehrkurvensystem, was aber nur bei großen Stückzahlen ins Gewicht fällt, da dies durch den Fortfall der Kurvenanfertigung und die geringe Einrichtezeit wieder ausgeglichen wird.

27. Futterarbeiten. Die Halbautomaten sind Maschinen, welche für Futterarbeiten entwickelt sind und bei denen daher das Ein- und Ausspannen der Werkstücke von Hand erfolgen muß. Der Antrieb der Arbeitsspindel und der Steuerwelle wird nach dem Einspannen von Hand eingeschaltet und rückt sich nach Beendigung der Bearbeitung und dem Rückgang der Werkzeugschlitten selbsttätig wieder aus. Die Bedienung mehrerer Maschinen durch einen Arbeiter ist daher möglich.

Bei den Halbautomaten handelt es sich meistens um schwerere Maschinen für Drehdurchmesser über 150 mm. Die Werkzeugschlitten sind dementsprechend auch schwerer ausgebildet, so daß der Massen wegen keine sehr schnellen Leerbewegungen ausgeführt werden können. Diese Automaten werden daher auch meist nach dem Einkurvensystem gesteuert oder, wenn mehrere Kurven für die verschiedenen Revolverkopfstellungen angewendet werden, so sind diese alle für den größten Drehweg vorgesehen und auf dem Trommelumfang verstellbar angeordnet.

Für kleinere Arbeitsstücke kann meistens ein Stangenautomat verwendet werden, der durch selbsttätige Spindelstillsetzung als Halbautomat hergerichtet werden kann. In vielen Fällen kann dabei das normale Zangenspannfutter die Werkstücke aufnehmen, sonst ist ein preßluftbetätigtes Backenspannfutter am Platze.

Werkstücke mit geeigneter glatter Form können oft auch auf Stangenautomaten mit Hilfe einer Magazinführung selbsttätig gespannt und durch besondere Vorrichtung nach Beendigung der Arbeit wieder ausgestoßen werden.

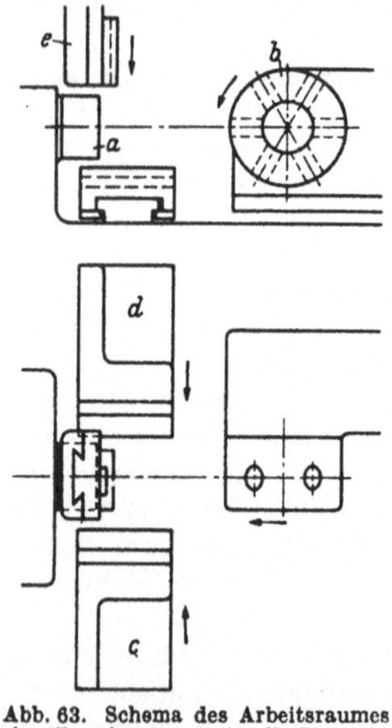

Abb. 63. Schema des Arbeitsraumes eines Revolverautomaten für Stangenarbeit (Index).
a Arbeitsspindel; *b* Revolverkopf; *c* vorderer und *d* hinterer Querschlitten; *e* Abstechschlitten von oben.

B. Revolverautomaten für Stangenarbeiten nach dem Mehrkurvensystem (Index).

28. Anordnung und Steuerung des Revolverkopfes. Bei der bekanntesten Bauart nach Abb. 63 ist der Revolverkopf um eine waagerechte Achse schaltbar, welche quer zur Arbeitsspindel liegt. Zur Verringerung der Massenkräfte beim schnellen Schalten ist der Revolverkopf verhältnismäßig klein gehalten. Alle Werkzeuge werden durch Rundschäfte in den 6 Bohrungen aufgenommen. Der Revolverkopf wird beim Schalten durch eine Kurve auf der Hilfssteuerwelle über ein Kurbelgetriebe schnell zurückgezogen, geschaltet und schnell wieder so weit vorgeschoben, bis das nächste Werkzeug kurz vor dem Schneidbeginn steht. Die Vorschubkurve auf der Steuerwelle hat sich in dieser kurzen Schaltzeit nur um ein ge-

ringes Stück weiter bewegt und kann deshalb genügend für die Vorschubbewegungen des Revolverschlittens ausgenutzt werden. Der Revolverkopf hat

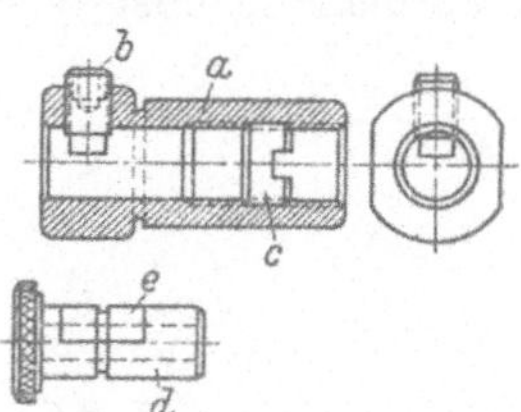

Abb. 64. Einfacher Bohrerhalter, zum Einspannen von
Bohrern, Senkern u. dgl.
a Halterschaft; b Spannschraube
zum Festspannen des Bohrers;
c Anschlagschraube zur Stüt-
zung des Bohrers; d Einsatzbüchse für kleinere Bohrer-
durchmesser mit losem Druckstück e.

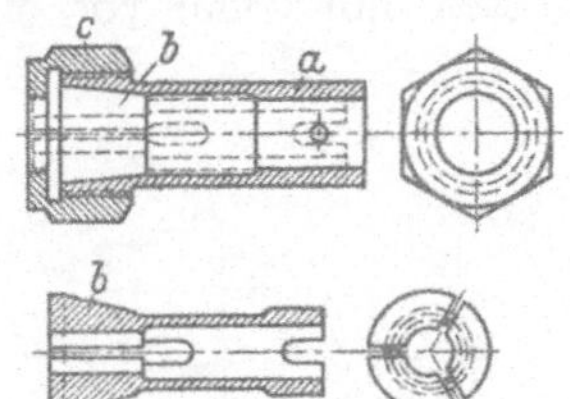

Abb. 65. Bohrerhalter mit Spannzange. a Halterschaft; b auswechselbare Spannzange; c Überwurfmutter.

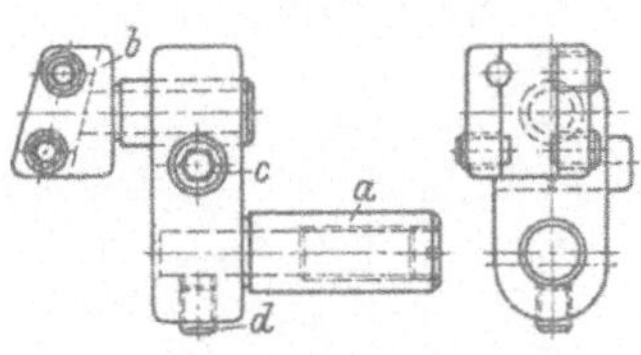

Abb. 66. Bohrerhalter mit Ansatz für
Überdrehstahlhalter.
a Halterschaft; b verstellbarer Drehstahlhalter; c Klemmschraube für
Halter b; d Spannschraube.

in erster Linie die Werkzeuge für die Längsbearbeitung
aufzunehmen, wie Bohren, Reiben, Überdrehen, Gewindeschneiden, Rändeln usw. (s. Abb. 64 bis 68).
Daneben müssen aber oft Werkzeuge für Einstiche in Bohrungen oder am Außendurchmesser in den Revolverkopf gesetzt werden. Die Planbewegung dieser

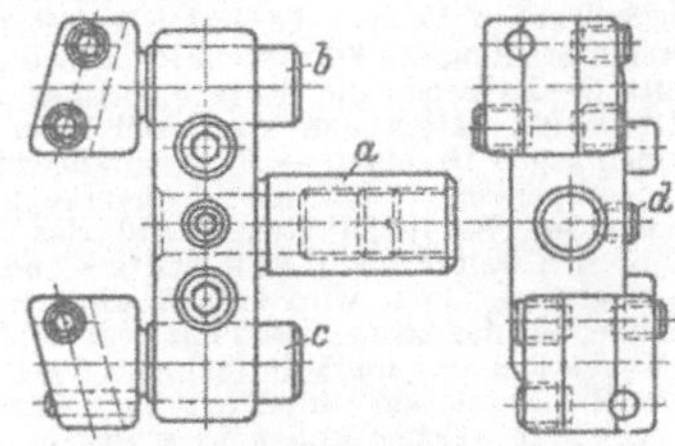

Abb. 67. Bohrerhalter mit Ansätzen für
zwei Überdrehstahlhalter.
a Halterschaft; b und c verstellbare
Drehstahlhalter; d Klemmschraube.

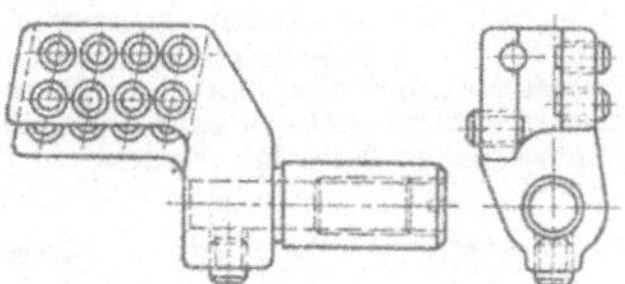

Abb. 68. Überdrehstahlhalter für vier
Stähle.

Stahlhalter wird meist durch eine Anschlagleiste auf einem der Querschlitten
gesteuert (Abb. 69 bis 71).
Durch die 6 Schaltstellungen des Revolverkopfes lassen sich Teile mit schwie-

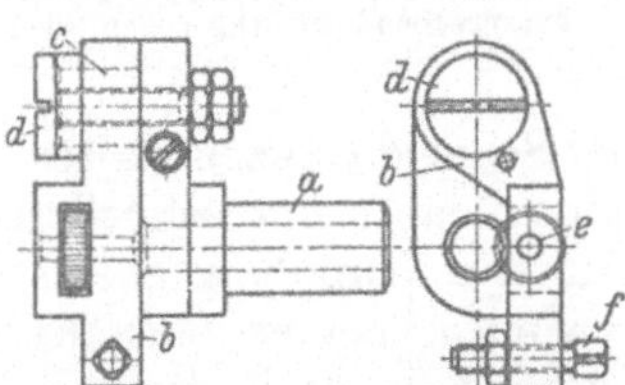

Abb. 69. Schwenkbarer Rändelhalter.
a Halterkörper mit Schaft; b Rän-
delträger, um Zapfen c schwenkbar;
d Halteschraube für Teil b; e Rändel;
f Druckschraube zum Eindrücken
des Rändels durch eine entsprechende
Leiste am Querschlitten.

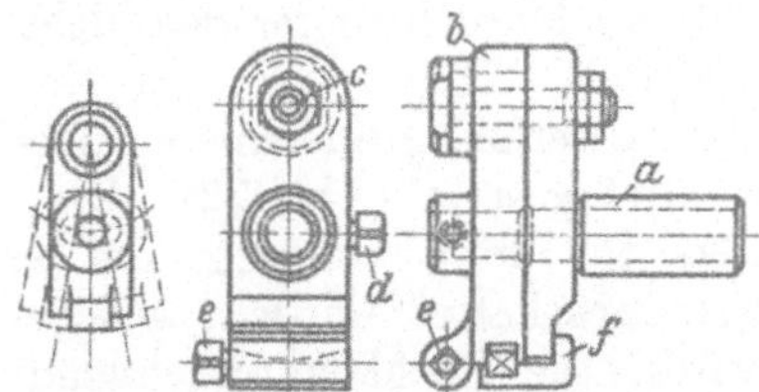

Abb. 70. Schwingender Werkzeughalter zum
Innenausdrehen, dient zum Einstechen
und Freidrehen in Bohrungen.
Das Kopfstück b ist auf dem Schaftteil a
um Bolzen c schwenkbar angeordnet und
besitzt eine Aufnahmebohrung zum Einspannen des Werkzeuges durch Schraube d.
Die Planbewegung erfolgt über die Druckschraube e vom Querschlitten aus. Eine
Gegenführung f verhindert ein Flattern des
Kopfstückes beim Einstechen.

rigen Innenformen durch mehrere
Werkzeuge maßhaltig fertig bearbeiten. Wenn bei einfachen Teilen
3 Revolverwerkzeuge zur Bearbeitung ausreichen, so kann durch Einsetzen
eines Schaltbolzens erreicht werden, daß der Revolverkopf bei jedem Schalt-

vorgang um 2 Löcher weitergeschaltet wird, wodurch man Zeit spart. Als weiterer Vorteil ist dabei noch die geringere Abnutzung der Führungsbahn anzusehen, da der Revolverschlitten nur 3mal vor- und zurückgeschoben wird (s. Beispiel Abb. 76).

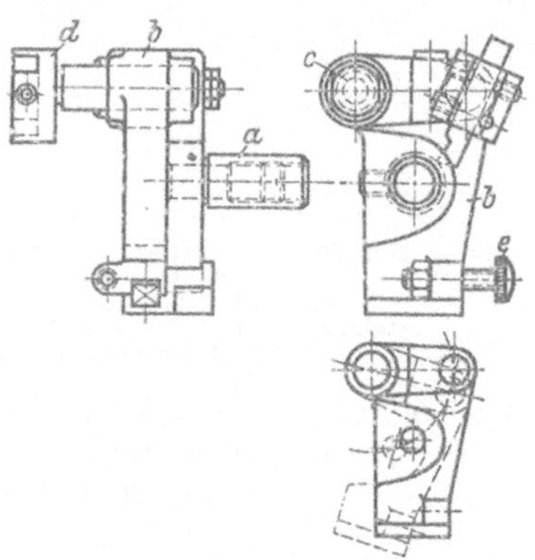

Abb. 71. Schwingender Halter zum Außeneinstechen.
Dieser Halter dient zum Einstechen und zum Drehen hinter Ansätzen sowie zum Kegeldrehen. Wie Halter Abb. 70 ist das Kopfstück *b* schwingend um Bolzen *c* auf dem Schaftteil *a* befestigt. Der Drehstahlhalter *d* ist im Teil *b* verstellbar angeordnet. Die Steuerung der Planbewegung erfolgt über Schraube *e* durch eine Leiste am Querschlitten. In dem Schaftteil *a* kann auch ein Bohrwerkzeug befestigt werden.

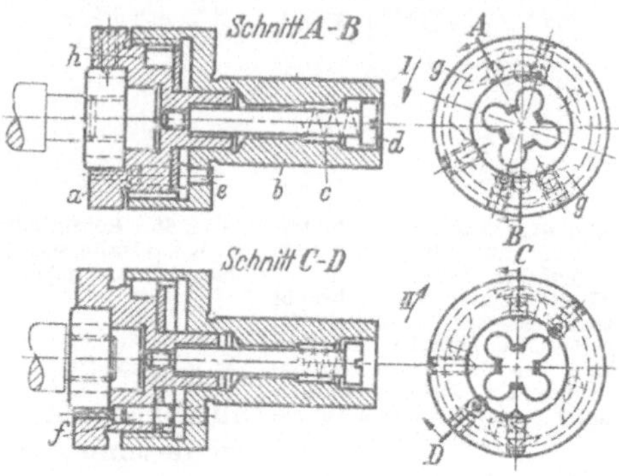

Abb. 72. Halter für Gewindeschneidwerkzeuge.
Das Vorderteil *a* sitzt längs verschiebbar in dem Schaftteil *b* und wird durch die Feder *c* und Bolzen *d* stets nach hinten gezogen. Das normale Schneideisen wird durch Schrauben in dem Vorderteil befestigt. In der hintersten Stellung des Vorderteils legen sich die Stifte *f* (Schnitt *C—D*) neben die Stifte *e* (Schnitt *A—B*) im Schaftteil und halten das Vorderteil beim Gewindeschneiden gegen Drehung. — Kurz vor Beendigung des Gewindeschneidens bleibt der Revolverkopf mit dem eingespannten Schaftteil stehen und das Vorderteil schraubt sich weiter vor, bis die Stifte *e* und *f* voneinander abgleiten. Jetzt wird kein Gewinde weiter aufgeschnitten, da das Schneideisen mit dem Vorderteil und dem Werkstück frei umläuft (Schnitt *C—D*). — Das Vorderteil besitzt am mittleren Durchmesser Aussparungen *g*, in welchen Rollen *h* lose liegen. Läuft nun das Vorderteil mit dem Werkstück in Pfeilrichtung *I* (obere Ansicht rechts) um, so legen sich die Rollen in die Rundungen der Aussparungen. Wird dann die Drehrichtung der Arbeitsspindel umgeschaltet, so läuft das Vorderteil in Pfeilrichtung *II* (unten rechts). Die Rollen werden jetzt nach außen geschleudert und klettern an der schrägen Seite der Aussparungen hoch, wobei sie in passende Aussparungen am Innenumfang des Schaftteiles eintreten und so das Vorderteil abfangen. Das jetzt ebenfalls festgehaltene Schneideisen schraubt sich deshalb vom Werkstück ab, während der Revolverschlitten entsprechend zurückgezogen wird.

29. Gewindeschneiden. Gewinde können bei der kleinsten Baugröße dieser Maschinen (bis etwa 12 mm Werkstoffdurchlaß) mit einer überholenden Gewindespindel geschnitten werden, welche grundsätzlich so arbeitet, wie die bei den Schraubenautomaten bekannte Einrichtung. Bei den größeren Maschinen ist das nicht mehr möglich. Hier wird das Gewindeschneidwerkzeug in einem überlaufenden Schneidwerkzeughalter in den Revolverkopf gesetzt (Abb. 72). Die Arbeitsspindel läuft mit schnellerer Drehzahl links für den Drehgang und kann durch eine Kupplung auf langsamen Rechtslauf geschaltet werden, welcher zum Gewindeschneiden oder Reiben benutzt wird. Die Rechtslaufgeschwindigkeiten können je nach dem zu bearbeitenden Werkstoff durch Wechselräder auf beispielsweise 1/2 oder 1/5 der Linkslaufgeschwindigkeit festgelegt werden.

Das Schneideisen oder der Gewindebohrer schneidet das Rechtsgewinde bei langsamem Rechtslauf der Spindel auf. Beim Erreichen der gewünschten Gewindelänge hat sich das Vorderteil des Halters nach dem Stehenbleiben des Revolverschlittens aus den Mitnahmestiften herausgezogen, und das Schneidwerkzeug läuft leer um. Wird jetzt die Arbeitsspindel auf schnellen Linkslauf geschaltet, so wird das Vorderteil wieder von den Stiften aufgefangen und am weiteren Drehen gehindert. Durch den Linkslauf des Arbeitsstückes schraubt sich das Gewindewerkzeug schnell zurück. Beispiele Abb. 73 u. 74.

Maschinen mit größerem Spindeldurchlaß haben noch eine weitere Getriebe-kupplung, so daß insgesamt 4 Spindelgeschwindig-keiten erreichbar sind.

30. Allgemeine Zusatz-einrichtungen. Die bei den Schraubenautomaten aufge-führten Zusatzeinrichtungen können bei den Stangen-revolverautomaten ebenfalls angewendet werden, so daß hier keine weitere Beschrei-bung notwendig ist. Die Schnellbohreinrichtung muß hier natürlich im Revolver-kopf aufgenommen werden und mit diesem geschaltet werden. Die Bohrspindel wird in einer Werkzeugauf-nahmebohrung des Revolvers gelagert und durch Kegel-rädergetriebe durch die Re-volverkopfachse hindurch angetrieben. Dadurch kön-nen sogar mehrere Schnell-bohrspindeln angewendet werden.

Der genannte Antrieb kann auch für Sonderwerk-zeuge benutzt werden, wie z. B. eine Fräsvorrichtung nach Abb. 76 bis 78. Um solche Arbeiten, wie Flächen und Nuten fräsen, Bohren von außermittig zur Arbeits-spindel liegenden Löchern oder dergleichen, ausführen zu können, muß die Arbeits-spindel stillgesetzt und fest-gehalten werden. Durch eine besondere Vorrichtung wird die Spindel während der notwendigen Zeit mittels eines einschaltbaren Brems-kegels festgehalten, während die Geschwindigkeitsschaltkupplungen auf Leerlauf gehalten werden.

Sind alle 6 Werkzeuglöcher des Revolver-kopfes durch Schneidwerkzeuge besetzt, so kann ein schwingender Anschlagarm angebaut werden, um die Werkstofflänge zu begrenzen (s. Beispiel Abb. 79).

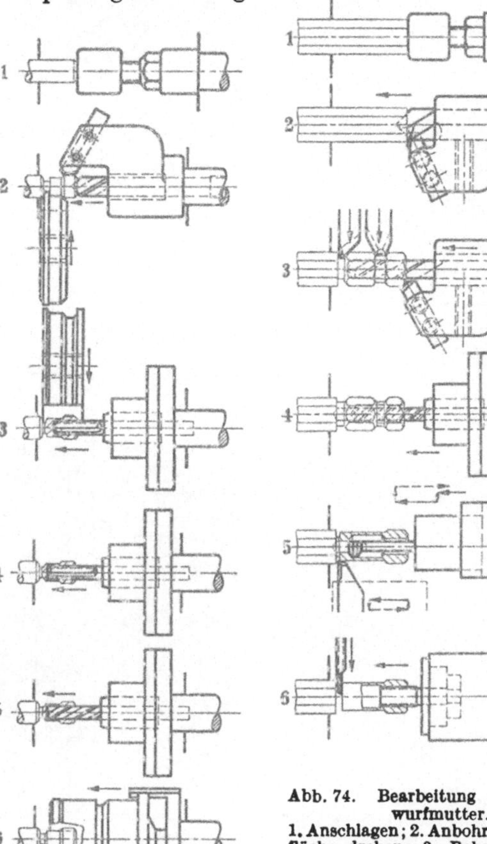

Abb. 73.   Bearbeitung eines Messingteiles.

1. Anschlag im Revolverkopf; 2. Anbohren und Überdrehen vom Revolver, Vordrehen der hinteren Form durch Rund-formstahl auf dem vorderen Querschlitten; 3. Bohren mit Flachbohrer und Fertigdrehen der Form vom hinteren Quer-schlitten; 4. Flachsenken des Bodens; 5. Fertigbohren; 6. Gewindeschneiden mit selbstöffnendem Schneidkopf und anschließend Abstechen von oben.

Abb. 74.   Bearbeitung einer Über-wurfmutter.

1. Anschlagen; 2. Anbohren und Stirn-fläche drehen; 3. Bohren und An-schrägen sowie Einstechen vom hin-teren Querschlitten; 4. Bohren des Gewindeloches; 5. Bearbeiten der Aus-drehung durch Stahlhalter nach Abb. 70; mit Langdrehschlitten auf dem vorderen Querschlitten wird der hintere Schaftdurchmesser überdreht; 6. Gewindeschneiden und anschlie-ßend von oben abstechen.

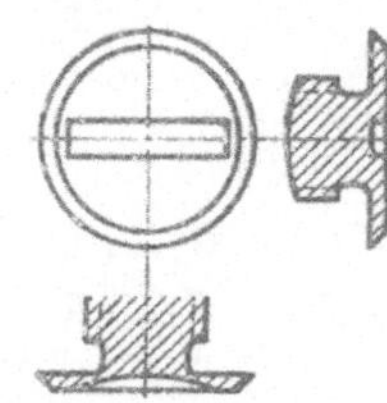

Abb. 75. Arbeitsstück (Verschlußschraube für Photoapparat) für den Arbeitsplan Abb. 76.

Das Teil soll auf dem Automaten vollständig fertig bearbeitet werden, wobei Bedingung ist, daß die geschlitzte Planfläche gratfrei und sauber sein muß, weil die nachträglich verchromte Schraube an dieser Fläche hochglanzpoliert wird. Werkstoff: Messing. Lösung zeigt Abb. 76.

31. Gewindestrählen. Das Gewindeschneiden mit Schneidbohrern, Schneideisen oder Gewindeschneidköpfen ist nicht anwendbar, wenn:

1. das Gewinde sehr sauber und mit feinen Toleranzen gefertigt werden muß und bis dicht an einen Bund reicht, so daß kein genügender Gewindeanschnitt vorgesehen werden kann,

2. das Gewinde hinter einem Bund liegt, also von vorn nicht aufgeschnitten werden kann,

3. bei groben Steigungen oder mehrgängigem Gewinde, welches nicht in einem Schnitt bearbeitet werden kann.

Für solche Fälle ist es erforderlich, das Gewinde zu strählen. Als Werkzeug dient entweder ein scheibenförmiger Rundsträhler oder ein Flachsträhler. Das ge-

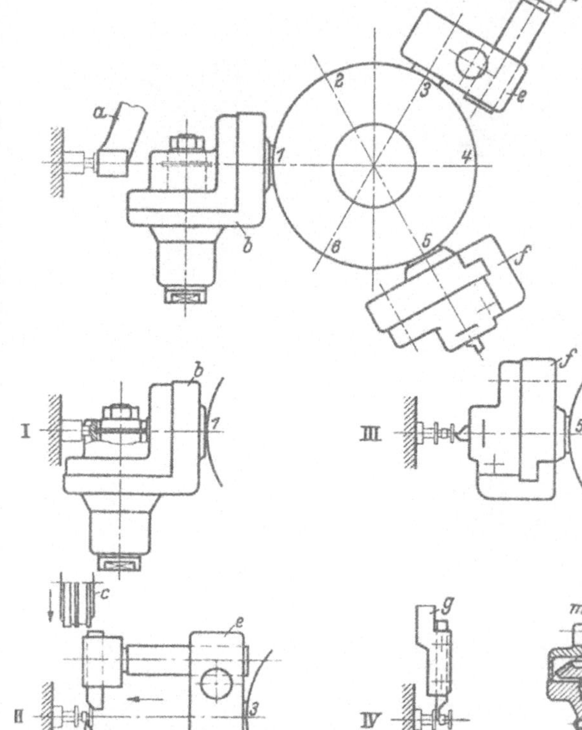

Abb. 76. Bearbeitung der Schraube nach Abb. 75. Damit die geschlitzte Fläche fertig bearbeitet werden kann, muß diese zum Revolverkopf zeigen, so daß das Gewinde gestrählt werden muß. Die Werkstoffstange wird gegen den schwingenden Anschlagarm a so weit vorgeschoben, daß das nächste Teil mit vorgearbeitet werden kann. Da im Revolverkopf nur drei Werkzeuge unterzubringen sind, so kann „Dreilochschaltung" angewendet werden, um Leerzeit zu sparen. I. Bei Loch 1 wird der Schlitz durch eine Sonderfräsvorrichtung b (Abb. 77) gefräst. Die Arbeitsspindel muß für diesen Arbeitsgang stillgesetzt und durch eine besondere Kupplung abgebremst werden. II. Vom hinteren Querschlitten wird durch Rundformstahl c die Form gedreht und dabei das nächste Teil vorgestochen. Zu gleicher Zeit wird vom vorderen Querschlitten das Gewinde mit einem runden Scheibensträhler d gestrählt und durch ein Werkzeug e im Loch 3 die Schräge am Außendurchmesser angedreht. Hierbei läuft die Spindel rechts, um das gleichzeitige Arbeiten des Formstahles mit dem Gewindestrählen zu ermöglichen und dadurch die Gratbildung am Gewindeein- und -auslauf zu verhindern, ein bemerkenswerter Vorteil. III. Plandrehen der Stirnfläche durch einen Stahl im Schwingstahlhalter f (vgl. Abb. 70) im Loch 5, der durch den hinteren Querschlitten gesteuert wird. Um die Fläche genau plan und sauber zu drehen, wird der Revolverschlitten während dieser Zeit durch seine Kurve fest gegen einen Anschlag gedrückt (Abb. 78). IV. Abstechen vom oberen Schlitten g aus.

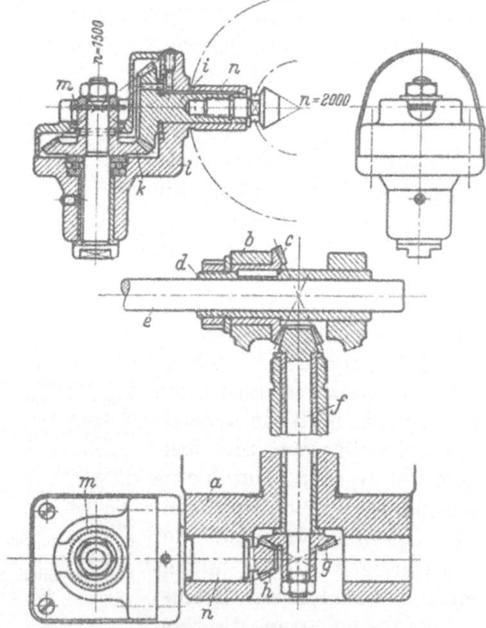

Abb. 77. Sonderfräsvorrichtung im Revolverkopf. An dem Revolverschlitten, der den Revolverkopf a trägt, ist ein Lagergehäuse b drehbar angeordnet. Die in diesem Gehäuse gelagerte Büchse d erhält einen Antrieb durch die Welle e, die parallel zur Arbeitsspindel läuft. Über Kegelrad c wird die Welle f angetrieben, die in der hohlen Achse des Revolverkopfes gelagert ist und den Antrieb über Räder g und h sowie i und k zur Frässpindel leitet. Die Frässpindel mit dem Fräser m ist in einem Gehäuse l gelagert, welches durch einen Zapfen n im Revolverkopf eingespannt werden kann.

Abb. 78. Anschlag für den Revolverschlitten.
An dem Revolverschlitten *a* ist der Anschlagbock *b*
befestigt, der die einstellbare Anschlagschraube *c* trägt.
Als Gegenanschlag dient der am Maschinenbett befestigte Spritzwinkel *d* mit dem Anschlagbolzen *e*.
Bedingung ist, daß beim Anschlagen die Kurve ihren
höchsten Punkt erreicht und alle anderen Werkzeuge
bei ihren vorderen Endstellungen größere Abstände
des Revolverkopfes von der Spindel haben.

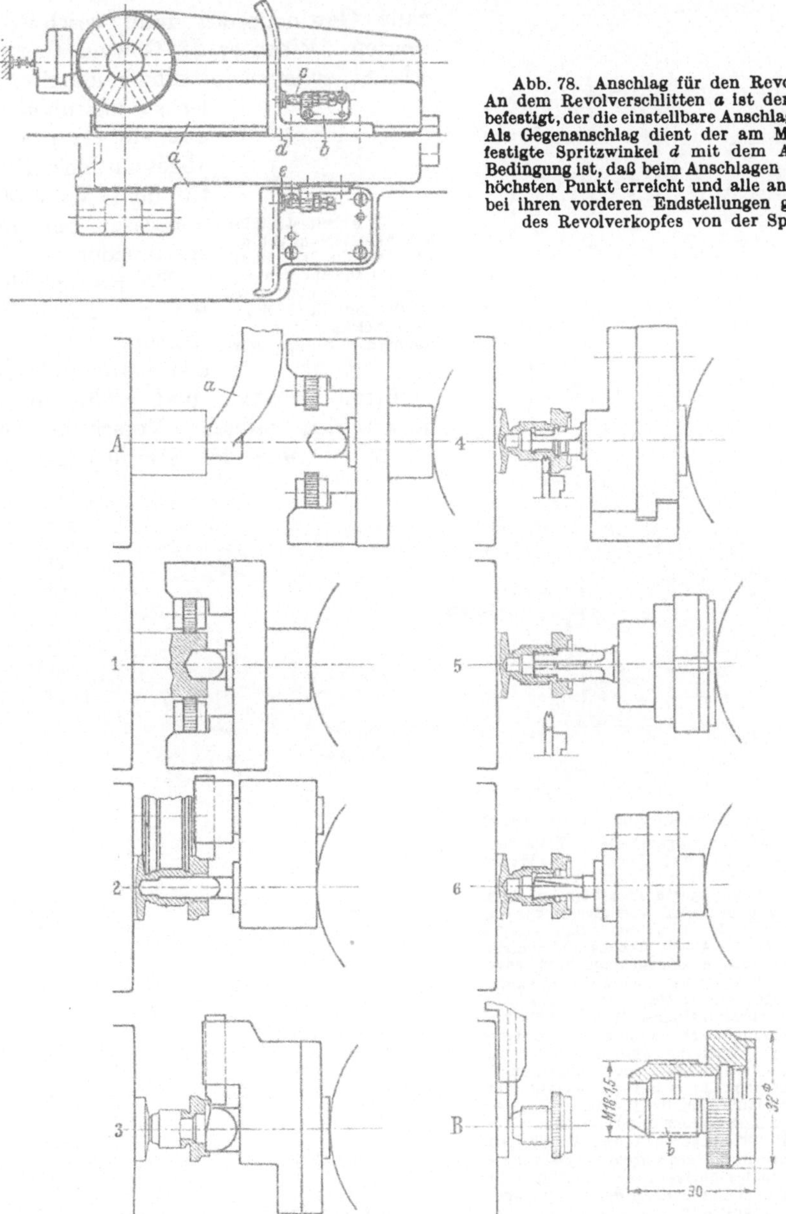

Abb. 79. Bearbeitung eines Messingteiles (b).

Da der Revolverkopf mit Werkzeugen voll besetzt ist, wird zum Begrenzen des Werkstoffvorschubes der
schwingende Anschlagarm *a* benutzt. Loch 1: Anbohren mit Flachbohrer und Rändeln mit doppeltem Rändelhalter. — Loch 2: Fertigbohren und Ansatz drehen. Gleichzeitig Drehen der Form hinter dem Bund durch Rundformstahl auf dem hinteren Querschlitten. — Loch 3: Aufsenken der Ausdrehung und Stirnfläche schlichten. —
Loch 4: Drehen der Einstiche in der Bohrung durch Rundstahl im Schwenkstahlhalter. Gleichzeitig Gewinde-
strählen vom vorderen Schlitten aus. — Loch 5: Innengewindeschneiden. Das zu schneidende große Gewinde
ist sehr kurz, so daß der Gewindebohrer nur wenig Anschnitt haben kann. Um ein einwandfreies Anschneiden
zu sichern, wird ein kleineres Gewinde in die nachfolgende Bohrung durch den gleichen Gewindebohrer mit eingeschnitten. Die kleine Bohrung wurde zu diesem Zweck um die Gewindetiefe enger gehalten. Da das kleine
Gewinde mehr Gänge aufweist, wird der Gewindebohrer beim Anschneiden des großen Gewindes sicher und
zwangsläufig geführt. — Loch 6: Das Führungsgewinde wird ausgebohrt und die betreffende Bohrung auf das
erforderliche Maß gebracht. Der Abstich erfolgt bei *B* vom oberen Abstechschlitten.

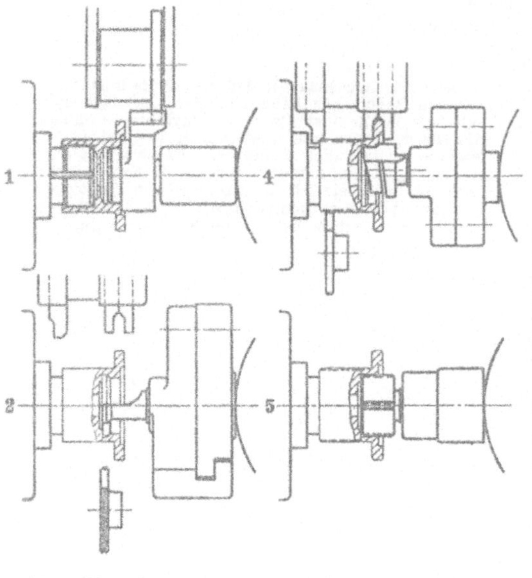

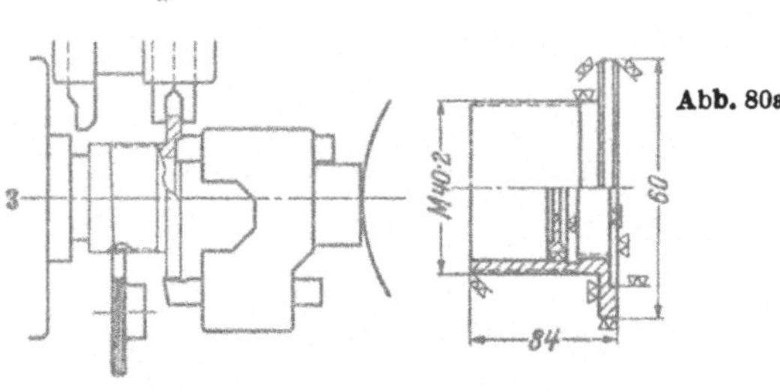

Abb. 80a.

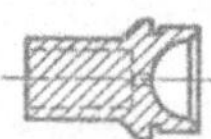

Abb. 81. Arbeitsstück für den Arbeitsplan Abb. 82. Ein Teil aus St.C. 16.61, welches auf anderen Automaten vorgearbeitet wurde und durch Magazineinrichtung dem Automaten zugeführt werden soll.

Abb. 80. Bearbeitung einer Gewindebüchse (80a)
Die auf anderen Maschinen vorgearbeiteten Teile werden durch ein Magazin zugeführt. Loch 1: Das Werkstück wird auf einem Spreizdorn in der hinteren Aufbohrung gespannt. Das Magazin sitzt hier auf dem oberen Seitenschlitten und wird von diesem vor die Spindelmitte geführt. Der Einstoßer führt sich in der vorderen Bohrung des Arbeitsstückes und schiebt das Teil über den Spanndorn. Das im Magazin folgende Teil wird beim Vorgehen des Einstoßers durch dessen oberen prismaförmigen Ansatz abgestützt. — Loch 2: Ausdrehen des Gewindeeinstiches in der Bohrung durch Schwenkwerkzeughalter. — Loch 3: Außengewindestrählen vom vorderen Querschlitten aus. Überdrehen des Bundes und Ausdrehen des Bohrungsansatzes. Vom hinteren Querschlitten beginnt das Überdrehen beider Planflächen des Bundes. — Loch 4: Fortsetzung des Gewindestrählens und der Arbeit des hinteren Querschlittens. Ausdrehen und Anschrägen der Gewindebohrung mit hinterdrehtem Formstahl. — Loch 5: Innengewindeschneiden. — Anschließend wird das Teil nach dem Entspannen des Dornes ausgestoßen.

naue Gewindeprofil muß geschliffen werden. Wenn es der Gewindeauslauf erlaubt, so ist es vorteilhaft, den Strähler so auszubilden, daß ein etwa halb abgeschliffenes Profil dem Vollprofil vorauseilt, um vorzuschneiden.

Der Hauptschlitten der Strähleinrichtung wird auf dem vorderen Querschlitten befestigt und erhält durch diesen den radialen Vorschub. Die Längsbewegung des Strählwerkzeuges

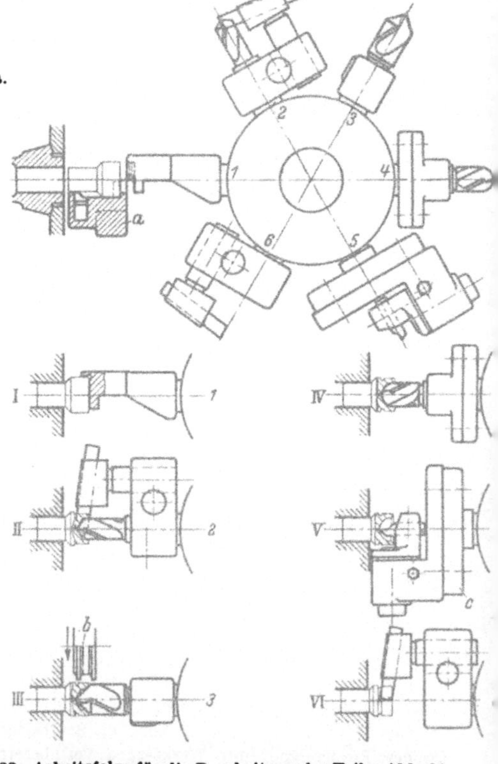

Abb. 82. Arbeitsfolge für die Bearbeitung des Teiles Abb. 81.
I. Das Arbeitsstück wird durch den Zubringer a des Magazins (vgl. auch Abb. 83) vor die Spindelmitte gebracht und durch den Einstoßer in Loch 1 in die Spannzange geschoben. II. Vorbohren der Kugelpfanne und Überdrehen mit Tangentialstahl. III. Aufbohren der Kugelpfanne und gleichzeitig Formen vom hinteren Querschlitten mit Rundstahl b. IV. Vorformen der Kugelpfanne durch Formbohrer. V. Fertigdrehen der Kugelform mit Kugeldrehwerkzeug c (Abb. 84). VI. Fertigdrehen des Zapfendurchmessers mit Tangentialstahl.

zur Erzielung der Gewindesteigung wird durch eine Leitpatrone oder eine geschlossene Mantelkurve erzeugt, welche in zwangsläufiger Abhängigkeit von der Arbeitsspindel angetrieben wird. Durch Wechselräder und Kurven kann die Vorschubgeschwindigkeit und Anzahl der Schneidhübe dem Werkstoff angepaßt werden. Beispiele für Gewinde-strählen s. Abb. 76, 79, 80.

32. Ladeeinrichtungen. Wenn die Herstellung einer Magazinzuführung wegen zu geringer Stückzahlen nicht lohnt oder die Form des Werkstückes ein sicheres

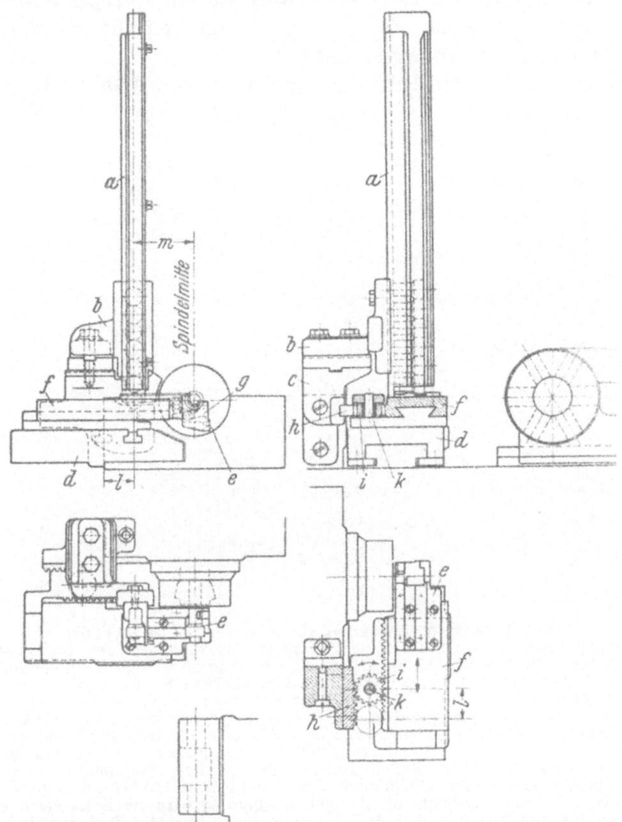

Abb. 83. Magazinzuführung für Arbeitsbeispiel Abb. 81 und 82.
Der Aufnahmekasten *a* des Magazines ist durch Flansch *b* und Winkel-stütze *c* am Spindelkastenkörper befestigt. Auf den vorderen Quer-schlitten *d* ist ein planbeweglicher Schieber *f* aufgesetzt, der den Zubringer *e* trägt. Der Zubringer fährt mit seiner Aufnahmemulde in seiner rück-wärtigen Stellung unter den Magazinkasten und nimmt das unterste Teil auf. Der Zubringer wird dann vor die Spindelmitte gefahren, worauf der Einstoßer (Abb. 82 und 85) das Arbeitsstück in die Spannzange stößt. Die federnde Klinke *g* hält das Teil während dieser Zeit in der richtigen Lage. Beim Zurückfahren des Zubringers kann die Klinke ausweichen, um an dem aus der Spannzange ragenden Werkstück vorbeizukommen. Der normale Weg der Querschlitten reicht nicht aus, um den Zubringer ge-nügend vor- und zurückzubewegen. Deshalb wird ein sog. ,,Hubverdoppler'' angebaut. An dem Konsol *c* ist die feste Zahnstange *h* angebracht, die mit einem Triebrad *i* im Eingriff steht, welches um den Zapfen *k* drehbar mit dem Querschlittenoberteil *d* verbunden ist. Mit dem Triebrad kämmt ferner eine Zahnstange des Schiebers *f*. — Wird nun der Querschlitten und damit auch das Rad *i* um den Weg *l* vorgeschoben, so wälzt sich dabei auch das Rad an der Zahnstange *h* ab und erteilt dem Schieber *f* eine zusätzliche Vorwärtsbewegung, welche gleich dem Weg *l* ist. Der Zubringen macht also den doppelten Weg des Querschlittens $2 \cdot l = m$.

Zuführen nicht zuläßt, so kann man auf einfachste Weise von Hand laden, ohne die selbsttätige Arbeitsweise zu unterbrechen. In eines der Werkzeuglöcher des Revolverkopfes wird eine Aufnahmezange oder Dorn gesetzt. Wenn dieses Werk-zeug beim Schalten des Kopfes nach oben zeigt, wird das Werkstück von Hand in die Aufnahme gesteckt und dort federnd festgehalten. Ist das Aufnahmewerkzeug vor die Spindel geschaltet worden, so wird das Werkstück in die geöffnete Spannzange geschoben und eingespannt. Dieses Verfahren erfordert allerdings meist für jede Maschine eine ständige Bedienung. Bei größeren Stückzahlen und geeigneter Form des Werkstückes kann durch Einbau einer selbsttätigen Magazinzuführung in größeren Zeitabständen nachgefüllt werden, so daß ein Mann mehrere Maschinen versorgen kann.

Ein Beispiel für eine solche Einrichtung ist in den Abb. 81 bis 85 ausführlich dargestellt.

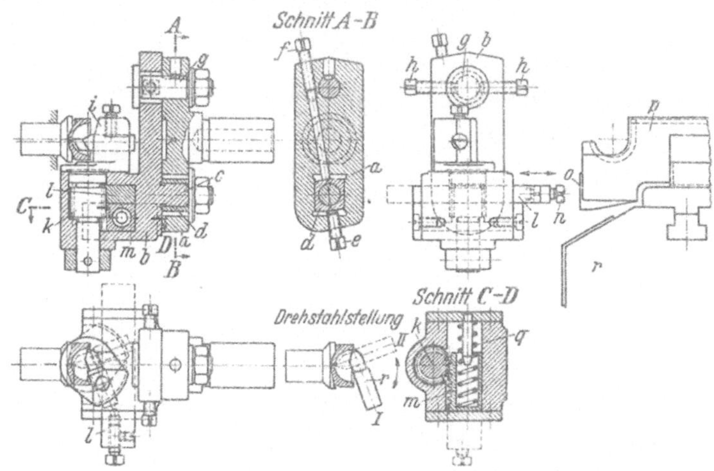

Abb. 84. Kugeldrehwerkzeug im Revolverkopf zu Abb. 82.
Der Grundkörper *a* sitzt mit seinem Zapfen im Werkzeugloch und besitzt einen Flansch zur Aufnahme der Winkelplatte *b*. Diese ist in zwei Richtungen verstellbar, um den Stahl genau auf Spindelmitte einstellen zu können. Der Zapfen *c* ragt in den Körper *a* und wird von dem Stein *d* umfaßt, der sich in einer Nut des Teils *a* bewegen kann. Die Stellschrauben *e* und *f* gestatten ein Heben und Senken der Winkelplatte. Der Bolzen *g* sitzt fest in dem Körper *a* und tritt durch eine größere Bohrung der Platte *b*. Die Stellschrauben *h* stützen sich an dem Bolzen *g* ab und stellen dadurch den Halter seitlich ein. — Der eigentliche Stahlhalter *i* sitzt mit seinem Zapfen *k*, der eine Verzahnung trägt, drehbar in der Winkelplatte *b*. Die Zahnstange *l* steht im Eingriff mit der Verzahnung und wird durch die Platte *o* am vorderen Seitenschlitten *p* über die Stellschraube *n* bewegt. Eine zweite Zahnstange *m* kämmt ebenfalls mit dem Zahntrieb und wird durch eine Feder *q* stets nach vorn gedrückt, also gegen die Bewegung der Zahnstange *l* durch den Seitenschlitten. Dadurch wird eine spielfreie Bewegung des Stahlhalters erreicht und auch der Stahl *r* nach dem Schnitt zurückbewegt.

C. Stangenautomaten nach dem Einkurvensystem mit waagerecht gelagertem Revolverkopf (Pittler).

33. Bauart und Arbeitsweise. Über die Konstruktionsmerkmale dieser Automaten wurde bereits im Abschnitt 26 gesprochen. Abb. 86 zeigt das Arbeitsraumschema einer solchen Maschine. Der Revolverkopf mit meist 5 Bohrungen ist hier als Trommel ausgebildet und in Achsrichtung der Spindel doppelt in einem Gehäuse gelagert. Diese Bauart bedingt eine gedrängte Anordnung der Werkzeuge, bietet aber die Gewähr für hohe Genauigkeit, da der Verriegelungsbolzen außerhalb des Werkzeuglochkreises angreift.

Der Revolverkopf trägt am Umfang eine unveränderliche Mantelkurve für den Vor- und Rücklauf. Durch das Vorschubgetriebe wird diese Kurve zum Vor- und Zurückziehen und zum Schalten für jedes Werkzeugloch einmal um 360° gedreht; die Kurve gleitet dabei an einer festen Rolle vorbei, an der sich der Revolverkopf vor- und zurückschraubt. Die Werkzeuge sind so einzustellen, daß in der vordersten Stellung des Revolverkopfes, die für jede Schaltung die gleiche ist, auch die Endstellung der Schneidwerkzeuge erreicht ist (Abb. 87).

Bei Maschinen mit größerem Werkstoffdurchlaß kann das ganze Revolverkopfgehäuse in Längsrichtung verstellt werden, um für kurze und lange Teile den richtigen Abstand einstellen zu können.

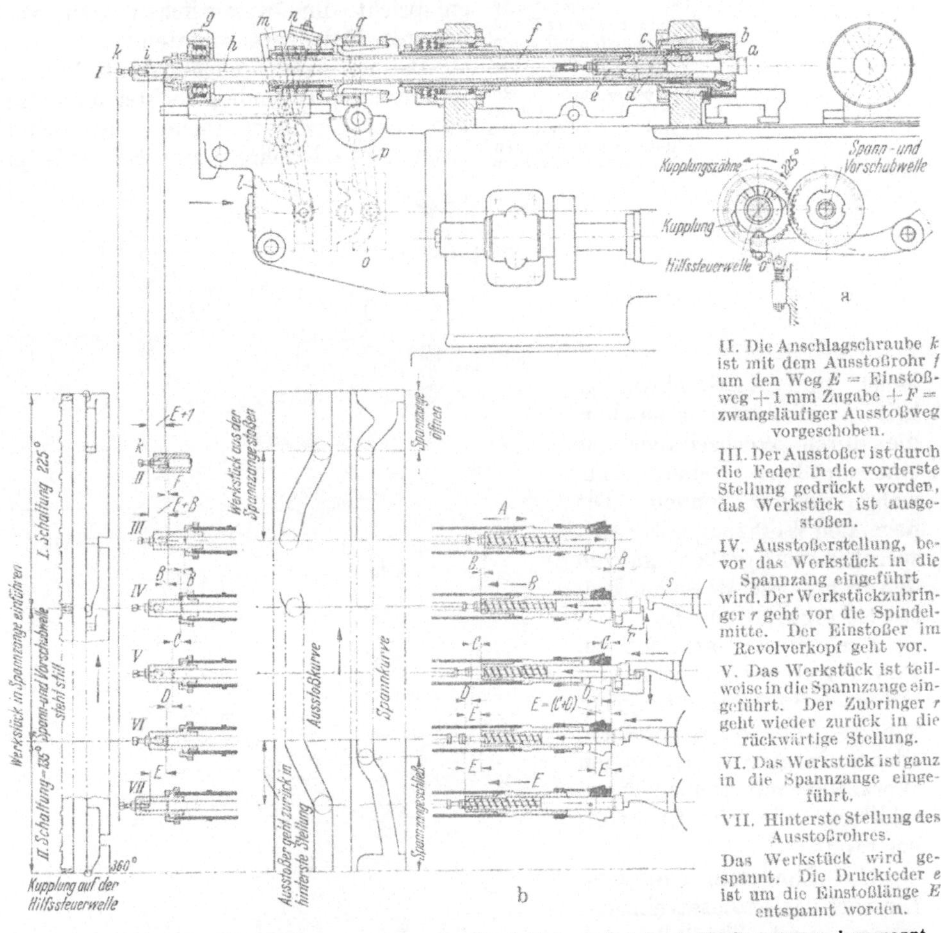

Abb. 85. Wirkungsweise der Ausstoßereinrichtung. Das Werkstück a wird durch die Spannzange b gespannt (85a). Der Ausstoßbolzen c führt sich in der Hülse d, welche in das innere Rohr f geschraubt ist. Das Rohr f entspricht dem normalen Werkstoffvorschubrohr. Die Feder e drückt den Ausstoßbolzen c stets nach vorn. Hinter dem Spindelende wird das Ausstoßrohr f durch den Schieber g in Achsrichtung bewegt. Die Ausstoßstange h führt sich in der Endbüchse i, in der die Anschlagschraube k sitzt. Auf der Spann- und Vorschubwelle ist die Ausstoßkurve l und die Spannkurve o befestigt. Die Kurve l betätigt die Hebel m und n, den Schieber g, die Kurve o über Hebel p die Spannmuffe q. Die Wirkungsweise ist aus den Erläuterungen in der Abbildung (85 b) klar ersichtlich.

Sind die Arbeitswege kurz, so kann der vorhergehende Leerweg des Revolverkopfes durch Einschalten eines Schnellganges der Steuerwelle überbrückt werden.

Die Geschwindigkeit des Vorschubes wird durch Reibscheibengetriebe geregelt, und zwar durch einstellbare Leisten auf der Steuertrommel, welche von dem Regelhebel abgetastet werden.

Die Kurvenscheiben für die Querschlitten sind ebenfalls unveränderlich und so bemessen, daß beim gemeinsamen Arbeiten mit dem Revolverkopf ihr Vor-

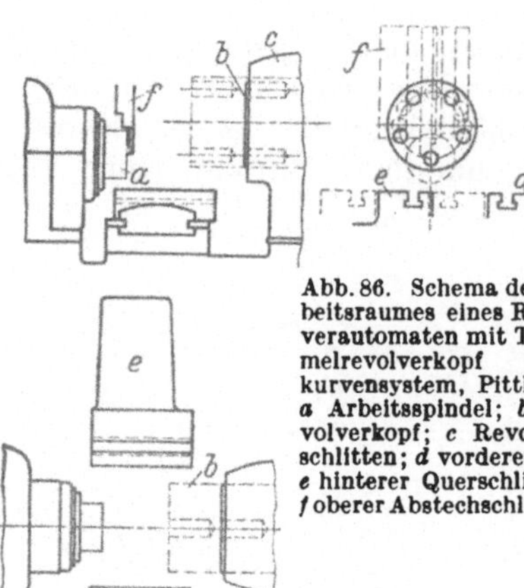

Abb. 86. Schema des Arbeitsraumes eines Revolverautomaten mit Trommelrevolverkopf (Einkurvensystem, Pittler).
a Arbeitsspindel; *b* Revolverkopf; *c* Revolverschlitten; *d* vorderer und *e* hinterer Querschlitten; *f* oberer Abstechschlitten.

schub nur $^1/_2$ bis $^1/_3$ von diesem beträgt. Es brauchen also keine Kurven angefertigt zu werden, so daß sich auch das Einrichten von geringen Stückzahlen (ab 200 bis 300 Stück) lohnt.

Die Ausbildung des Spindelantriebes entspricht im wesentlichen den vorgenannten Revolverautomaten.

Der normale Drehgang läuft links und ist mit entsprechenden Rechtsläufen schaltbar zum Gewindeschneiden mit Schneideisen, Gewindebohrern und Schneidköpfen.

Meist sind 4 Geschwindigkeiten selbsttätig schaltbar, die durch Wechselräder aus einer größeren Reihe ausgewählt werden können. Die normalen Werkzeughalter entsprechen im großen ganzen den früher beschriebenen. Beispiele: Abb. 87 bis 93.

Für Einstecharbeiten in Bohrungen werden entweder Inneneinstecheinrichtungen, wie in Abb. 88 beschrieben, oder für längere Ausdrehungen Werkzeuge mit kleinen Querschlitten, wie Abb. 91 zeigt, verwandt.

34. Sondereinrichtungen.

Die wichtigsten Zusatzeinrichtungen sind ebenfalls den früher geschilderten ähnlich.

Der obere Abstechschlitten wird durch eine Normalkurve gesteuert, die auf der Steuerwelle verstellbar befestigt ist.

Der Langdrehschlitten auf dem Querschlitten wird vom Revolverkopf beim Vorgehen betätigt; es ist daher keine besondere Kurve erforderlich.

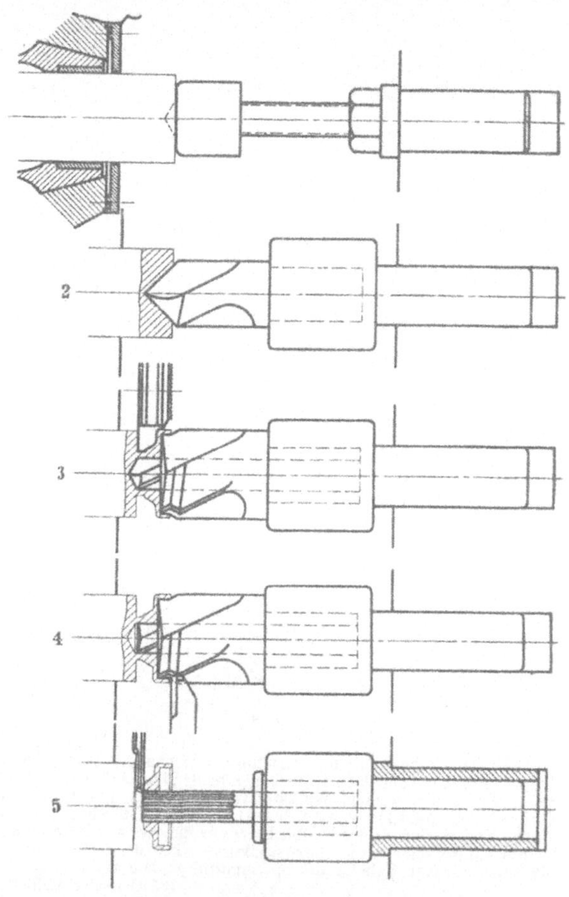

Abb. 87. Bearbeitung einer Kappe aus Stahl.
Loch 1: Anschlagen. — Loch 2: Anbohren. — Loch 3: Bohren und Ansenken mit zusammengesetztem Werkzeug. Gleichzeitig Drehen der hinteren Form durch Rundformstahl auf dem hinteren Querschlitten. — Loch 4: Fertigbohren und Senken. Vom vorderen Querschlitten Schlichten der Stirnfläche. — Loch 5: Reiben der kleinen Bohrung. Anschließend Abstechen von oben.

Die Schnellbohreinrichtung erhält ihren Antrieb durch die hohl gebohrte Revolverkopfachse. Durch ein Stirnräderpaar wird die Schnellbohrspindel angetrieben, welche in ein beliebiges Werkzeugloch gesetzt werden kann (Abb. 91).

Zum Schraubenschlitzen wird das abgestochene Werkstück von einer federnden

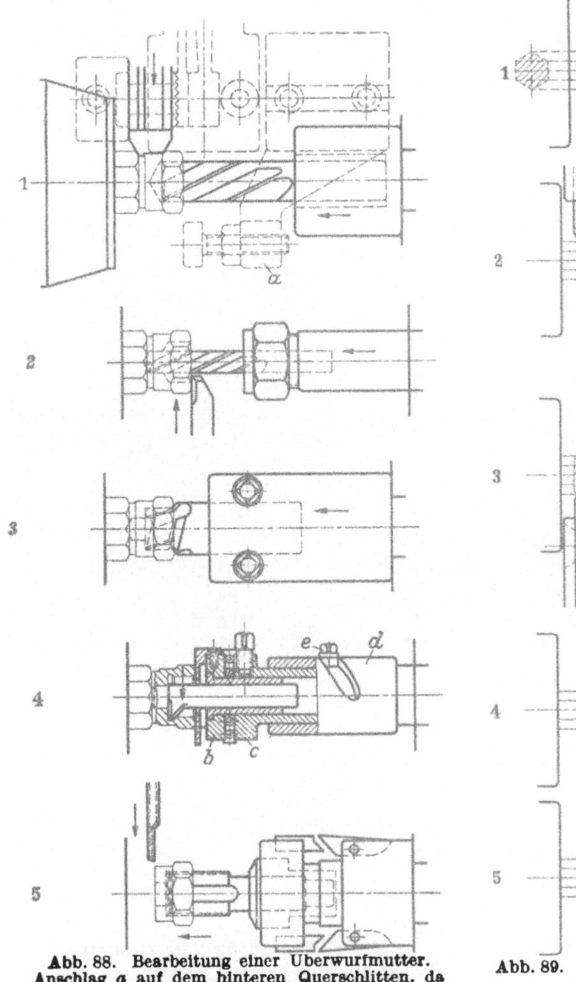

Abb. 88. Bearbeitung einer Überwurfmutter.
Anschlag *a* auf dem hinteren Querschlitten, da alle Revolverkopfbohrungen besetzt sind.
Loch 1: Bohren des Gewindeloches und Formen des hinteren Teiles durch Rundformstahl auf dem hinteren Querschlitten.
Loch 2: Bohren der kleinen Bohrung und Schlichten der vorderen Stirnfläche vom vorderen Querschlitten aus.
Loch 3: Senken der großen Bohrung und Anfasen.
Loch 4: Ausdrehen des Gewindeeinstiches durch Inneneinstechwerkzeug. Der vordere Teil *b* des Halters *c* legt sich gegen die Stirnfläche des Werkstückes. Das vom Werkstück mitgenommene Teil *b* wird durch ein Kugellager abgestützt. Beim Vorgehen des Revolverkopfes schiebt sich der Halter *d* über den Halter *c*. Eine Rolle *e* ist drehbar auf einem Zapfen mit dem Halter *c* verbunden und tritt durch die kurvenförmige Aussparung des Halters *d*. Dadurch werden die beiden Halter zueinander verdreht und der exzentrisch eingespannte Stahl verschiebt sich radial.
Loch 5: Innengewindeschneiden und anschließend Abstechen von oben.

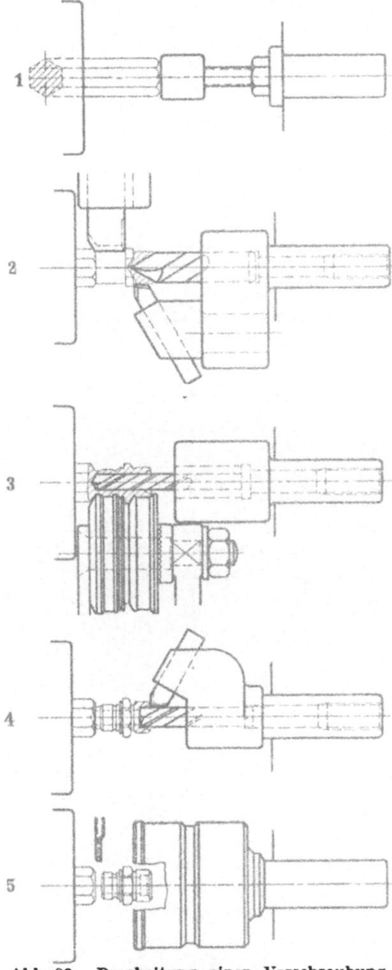

Abb. 89. Bearbeitung einer Verschraubung aus Duralumin.
Loch 1: Anschlagen.
Loch 2: Anbohren und vorderen Ansatz drehen. Vom hinteren Querschlitten vorstechen.
Loch 3: Bohren und Fertigdrehen der Form vom vorderen Querschlitten aus.
Loch 4: Senken der vorderen Ausdrehung und Schlichten der Stirnfläche.
Loch 5: Gewindeschneiden und anschließend Abstechen von oben.

Abnehmerhülse im Revolverkopf aufgenommen. Nachdem das Teil mit dem Revolverkopf 2 Löcher nach oben geschaltet worden ist, wird es beim Vorgehen gegen eine am Spindelkasten angebrachte Schlitzsäge gedrückt und geschlitzt. Dadurch werden die Greifereinrichtung und vor allem die dazu notwendigen Sonderkurven erspart.

35. Selbsttätige Ladeeinrichtungen mit Magazinzuführung. Entsprechend dem

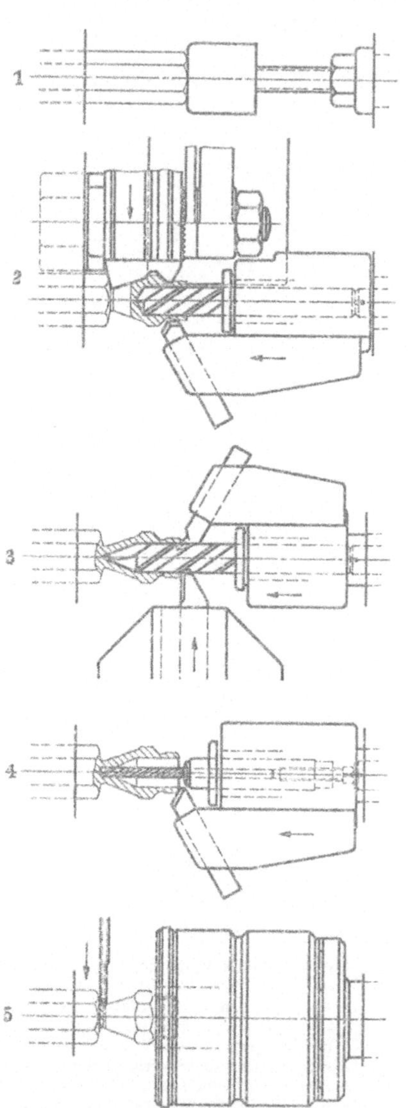

Abb. 90. Bearbeitung einer Brennerdüse aus Kupfer.

Loch 1: Anschlagen.

Loch 2: Vorbohren und Überdrehen des Gewindeansatzes. Drehen der Form durch Rundstahl vom hinteren Querschlitten aus.

Loch 3: Bohren des Innenkegels und Anfasen der Bohrung. Vom vorderen Querschlitten Schlichten der Stirnfläche.

Loch 4: Bohren der Düsenöffnung und Anschrägen des Gewindedurchmessers.

Loch 5: Gewindeschneiden mit selbstöffnendem Schneidkopf und anschließend Abstechen von oben.

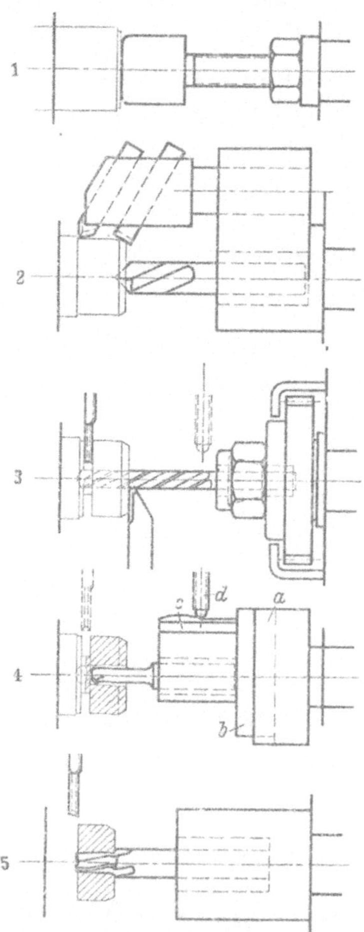

Abb. 91. Bearbeitung einer Ziehmatrize aus Werkzeugstahl.

Loch 1: Anschlagen.

Loch 2: Anbohren und Überdrehen und Abschrägen des Außendurchmessers.

Loch 3: Bohren mit Schnellbohrvorrichtung, vordere Planfläche schlichten und Abstechseite vorstechen von den beiden Querschlitten aus.

Loch 4: Ausdrehen der Form in der Bohrung. Der Halter a trägt in einer Prismaführung verschiebbar den Stahlhalter b, der durch eine Feder nach außen gedrückt wird. Eine Leiste c ist der Form der Bohrung entsprechend ausgebildet und auf Halter b befestigt. Die Schraube d, welche am hinteren Querschlitten sitzt, drückt beim Vorgehen des Revolvers den Stahlhalter b an der Leiste c nach innen und kopiert so die Form der Bohrung. Nach Beendigung des Drehweges geht der Querschlitten zurück, so daß der Stahlhalter in Mittelstellung zurückgezogen wird.

Loch 5: Fertigdrehen der Bohrung durch Formbohrer und Abstechen von oben.

besonderen Vorteil dieser Automatenbauart, schnelle billige Einrichtung ohne Sonderkurvenanfertigung, muß auch die Ladeeinrichtung für vorgearbeitete Teile vielseitig verwendbar und schnell an Arbeitsstücke verschiedener Größe

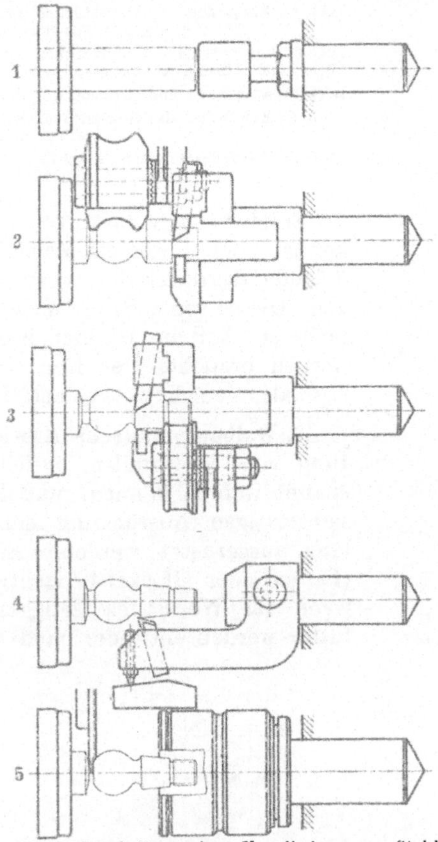

Abb. 92. Bearbeitung eines Kugelbolzens aus Stahl.

Loch 1: Anschlagen. Loch 2: Andrehen des vorderen Zapfens durch Rollendrehwerkzeug. Gleichzeitig Formdrehen der Kugel vom hinteren Querschlitten aus. Loch 3: Vordrehen des Kegelzapfens durch Rollendrehwerkzeug. Gleichzeitig Drehen des Gewindeeinstiches und Abschrägen des vorderen Endes durch Rundformstahl vom vorderen Querschlitten. Loch 4: Drehen des Kegels durch Kopierstahlhalter (Abb. 93). Loch 5: Gewindeschneiden durch selbstöffnenden Gewindeschneidkopf, anschließend Abstechen von oben.

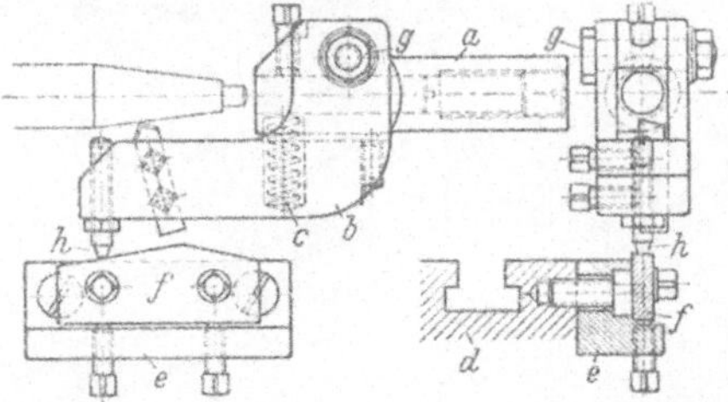

Abb. 93. Kopierstahlhalter. Der Schaftteil, in welchen auch ein Bohrwerkzeug gesetzt werden kann, trägt den um einen Zapfen g schwingenden Stahlhalter b, der durch Feder c stets nach unten gedrückt wird. An einem der Querschlitten d ist der Halter e für die Kopierleiste f befestigt. Diese Leiste wird entsprechend der Form des zu drehenden Werkstückes ausgebildet. Die Kopierschraube h im vorderen Teil des Stahlhalters fährt beim Vorgehen des Revolvers auf der Kopierleiste entlang und erzeugt die notwendige Stahlbewegung.

und Form anzupassen sein. Eine solche Einrichtung ist in den Abb. 94 und 95 näher erläutert.

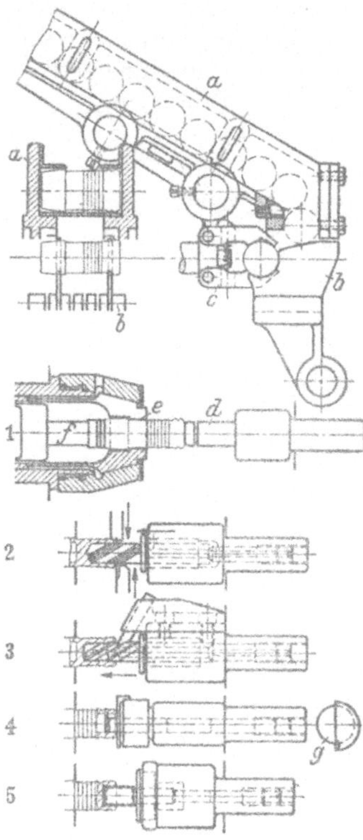

Abb. 94. Bearbeitung der zweiten Seite einer Geschoßhülle. Die Arbeitsstücke werden auf anderen Automaten von der Stange vorgearbeitet und hier durch Magazinzuführung selbsttätig geladen. Der Magazinkasten ist verstellbar und für verschiedene Werkstücke verwendbar (Abb. 95). a Magazinkasten, b Auffanghebel, c Abnahmezange.

Loch 1: Einstoßen des Werkstückes durch Einstoßer d in die Spannzange e gegen Anschlag und Ausstoßer f.

Loch 2: Vorbohren durch Spiralbohrer mit Ölkanälen. Drehen der Stirnfläche und Abrunden vom vorderen und hinteren Querschlitten aus.

Loch 3: Aufsenken und Anfasen der Bohrung.

Loch 4: Einstechen der Gewindeauslaufrille in der Bohrung mit Inneneinstechwerkzeug.

Loch 5: Gewindeschneiden, anschließend Ausstoßen des Werkstückes.

Einfache Arbeitsstücke mit glatter Außenform können auch durch ein Magazin vom hinteren Spindelende aus durch die Arbeitsspindel zugeführt werden. Dieses sog. „Hinterlademagazin" hat einen einfacheren Aufbau, da der Kasten nicht bewegt zu werden braucht. Der Einstoßstift wird durch die normale Vorschubkurve betätigt (Abb. 97).

36. Halbautomatische Arbeitsweise. Zur Bearbeitung von Futterteilen, welche nur von Hand gespannt werden können, muß die Maschine mit einer selbsttätigen Ausrückung der Hauptantriebskupplung ausgerüstet werden. Eine Signaleinrichtung (Lampe oder Glocke) benachrichtigt den Einrichter, wenn das Werkstück fertiggestellt ist. Als Spannfutter werden entweder hand- oder preßluftbetätigte

Abb. 95. Magazinzuführung für Beispiel Abb. 106.

Der Magazinkasten a ist am Maschinenrahmen auf den Rundstangen b befestigt. Die beiden Seitenwände des Rahmens sind in der Breite verstellbar. Der Aufnahmehebel c ist schwenkbar am Gestell befestigt, gesteuert durch Kurvenscheibe d. In der gezeigten Stellung ist das letzte Arbeitsstück in eine Aussparung der beiden seitlichen Flachstücke des Hebels c gerutscht. Die Greiferzange e hat das vorhergehende Teil vor die Spindelmitte geführt.

Zwei- oder Dreibackenfutter verwendet (Abb. 98). Für genau vorgearbeitete Teile sind häufig Sonderspannzangen oder Spanndorne erforderlich.

Abb. 97. Selbsttätige Ladeeinrichtung am hinteren Spindelende.
Da es sich hier um einfach geformte Teile handelt, können diese in mehreren Lagen in den trichterförmigen Magazinkasten *a* gelegt werden. Die Einstoßstange *b* wird über den Arm *c* von dem normalen Vorschubschieber gesteuert.

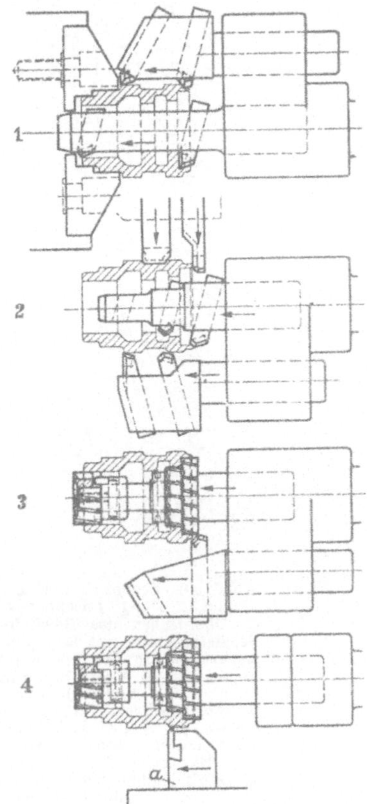

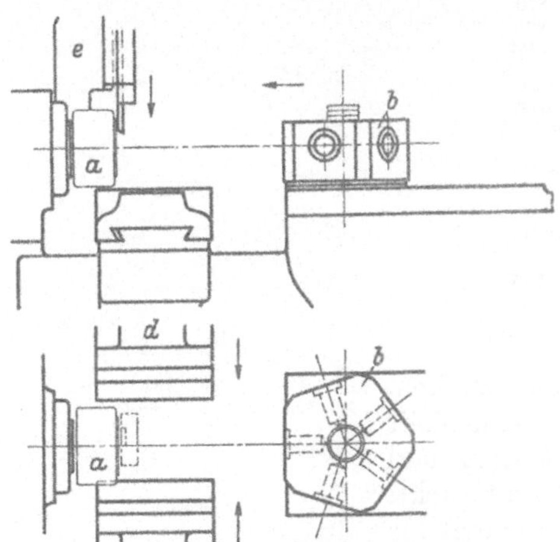

Abb. 99. Schema des Arbeitsraumes eines Revolverautomaten mit senkrecht gelagertem Revolverkopf (Einkurvensystem Loewe).
a Arbeitsspindel; *b* Revolverkopf fünfseitig; *c* vorderer und *d* hinterer Querschlitten; *e* oberer Abstechschlitten.

Abb. 98. Durch besondere Ausbildung kann der Automat auch als Futterhalbautomat arbeiten.
Der Arbeitsplan zeigt die Bearbeitung eines Tempergußteiles mit Einspannung im Druckluft-Dreibackenfutter. Die Steuerwelle und der Spindelantrieb wird nach Erledigung des Arbeitsganges selbsttätig still gesetzt und das fertige Werkstück von Hand aus- und ein neues eingespannt.
Loch 1: Ausbohren der ersten und der letzten Bohrung durch Bohrstange. Gleichzeitig außen schruppen.
Loch 2: Ausbohren der zweiten Bohrung und anfasen, Außendurchmesser schlichten. Vom hinteren Querschlitten Nute einstechen und Stirnfläche drehen.
Loch 3: Vorreiben der Bohrungen mit Schrupppreibahlen, Außenkante anschrägen.
Loch 4: Nachreiben der Bohrungen mit Fertigreibahlen, gleichzeitig Strählen des Außengewindes mit Strähleinrichtung *a* auf dem vorderen Querschlitten.

D. Automaten mit senkrecht gelagertem Revolverkopf (Loewe).

37. Aufbau der Maschine. Eine andere Bauart von Revolverautomaten mit Einheitskurven hat einen fünfeckigen Revolverkopf, der um eine senkrecht stehende Achse schaltet (Abb. 99). Die Steuerung der Kurventrommeln ist

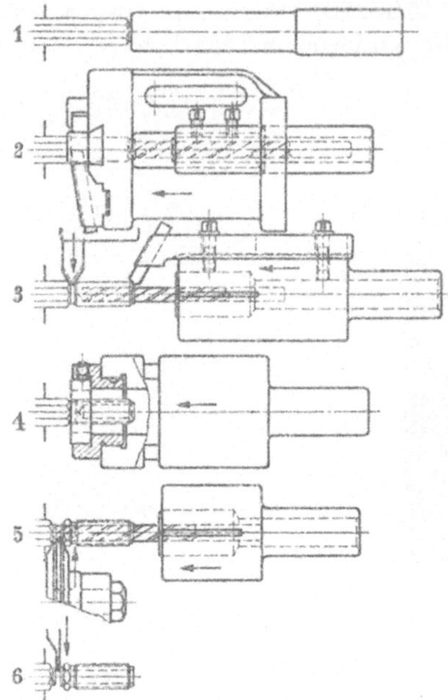

Abb. 100. Bearbeitung einer Hohlschraube
1. Anschlagen.
2. Überdrehen des Gewindeschaftes durch Schälstahlhalter mit Rollenführung (Flanschwerkzeug). In der Bohrung des Revolverkopfes sitzt ein Bohrerhalter mit Spiralbohrer zum Anbohren.
3. Vom Revolver: Vorbohren und Zapfen andrehen durch Überdrehstahlhalter auf dem Bohrerhalter. Vom hinteren Querschlitten Einstechen der Nut am Gewinde.
4. Gewindeschneiden (langsamer Rechtslauf der Spindel).
5. Durchbohren; vom vorderen Querschlitten: Einstechen und Formdrehen durch Rundformstahl.
6. Abstechen durch überhängenden Abstechschlitten.

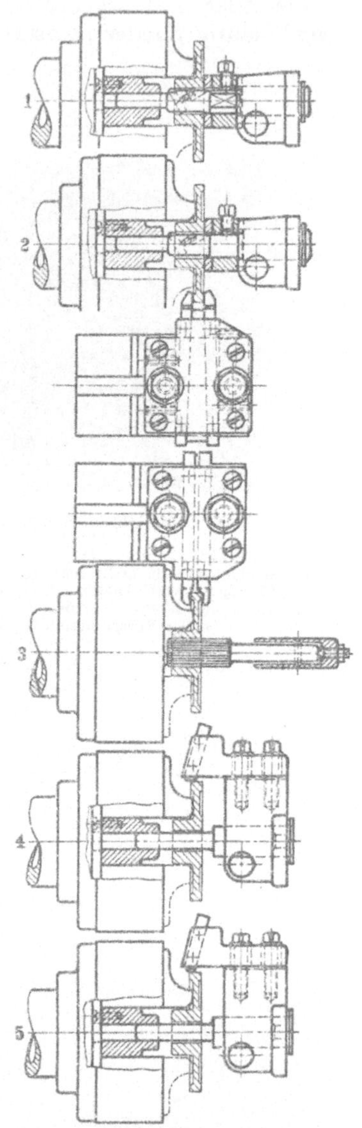

Abb. 101. Bearbeitung eines Stirnrades aus Ge. Aufnahme im Dreibackenfutter.
1. Ausschruppen der Bohrung durch Bohrstange mit Gegenführung. Gleichzeitig Schruppen der Nabenstirnfläche durch vierschneidigen Stirnsenker.
2. Schlichten der Bohrung und Nabenfläche durch gleiche Werkzeuge wie bei 1. Dazu vom vorderen Querschlitten Schruppen der seitlichen Stirnflächen am Zahnkranz.
3. Reiben der Bohrung. Reibahle in pendelndem Halter, gleichzeitig vom hinteren Querschlitten Zahnkranzstirnflächen schlichten und Kanten brechen.
4. Vordrehen des Außendurchmessers. Der Werkzeughalter wird durch einen Stützbolzen in der Spindelbüchse geführt zur Erhöhung der Starrheit und Genauigkeit.
5. Schlichten des Außendurchmessers mit einem Werkzeughalter wie bei 4.

dem vorher beschriebenen Automaten ähnlich. Auch hier wird die Vorschubgeschwindigkeit durch ein Reibscheibengetriebe verändert und Leerwege werden durch Schnellgang überbrückt. Bei dieser Maschine liegt die Steuertrommel für die Bewegung des Revolverschlittens unter dem Schlitten. Breite Rollenträger sind am Umfang der Trommel verstellbar angebracht. Auf jedem Träger ist eine um einen radial gerichteten Zapfen drehbare Rolle in Längsrichtung verstellbar. Mit dem Revolverschlitten ist eine feste, flach gebogene Kurve mit dem größten Arbeitsweg und eine ebensolche für den Rückzug verschraubt.

Die Rolle auf der Kurventrommel kann nun beliebig so gesetzt werden, daß entweder der ganze Kurvenweg durchlaufen wird oder nur ein Teil davon. Das bedeutet, daß der Revolverschlitten von seiner hinteren Endstellung aus für jede Revolverkopfstellung verschieden lange Arbeitswege machen kann und daher die Werkzeuge unabhängig eingestellt werden können.

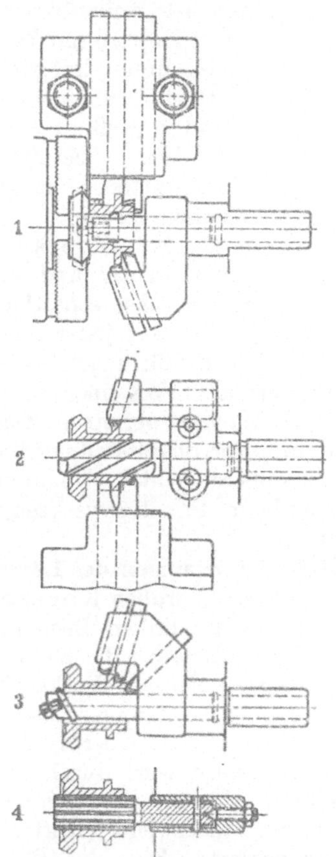

Abb. 102. Bearbeitung einer Kegelradbüchse aus Temperguß. Erste Einspannung im Zweibackenfutter mit Formbacken.
1. Vom Revolver: Überdrehen des vorderen Ansatzes, erstes Drittel ausbohren durch Bohrstange. Vom hinteren Querschlitten: Planflächendrehen und mittleren Teil vordrehen.
2. Vom Revolver: Rest der Bohrung aufsenken und Bund überdrehen. Vom vorderen Querschlitten: Schlichten der Stirnflächen des vorderen Ansatzes, mittleren Teil vordrehen.
3. Bund und vorderen Ansatz schlichten, Bohrung ausrunden und durch Bohrstange nachbohren.
4. Reiben der Bohrung, Reibahle in pendelndem Halter.

Abb. 103. Zweite Einspannung des Beispieles Abb. 102. Aufnahme auf Spreizdorn *a*, der sich in der Bohrung der Arbeitsspindel führt und durch Überwurfmutter *b* festgehalten wird. Der Kegeldorn *c* wird durch Druckluftzylinder betätigt und spreizt beim Vorstoßen den Spanndorn.
1. Vom hinteren Querschlitten: Drehen der Kegelform und Anschrägen des Bundes; vom vorderen Querschlitten: Schlichten der mittleren Ausdehnung. — 2. Vordrehen der inneren Stirnfläche. — 3. Ansenken der inneren Stirnfläche durch zweischneidigen Aufsatzsenker und Kante brechen.

Für die Querschlitten sind verstellbare Segmentstücke vorgesehen, die auf Scheiben mit T-Nuten festgeschraubt werden. Die Arbeitsspindel kann mit 3 schaltbaren Geschwindigkeiten laufen, eine für den Drehgang und zwei langsamere für das Gewindeschneiden oder Reiben (Abb. 100).

38. Verwendung als Halbautomat. Für geeignete Futterarbeiten kann die Maschine auch als Halbautomat eingerichtet werden. Die sternförmige Anordnung der Revolverkopfwerkzeuge gestattet auch die Bearbeitung entsprechend großer Drehdurchmesser (Abb. 101 bis 103).

E. Revolverautomaten für Stangen- und Futterarbeit (Gridley).

39. Bauart und Verwendung. Die Automaten mit Gridley-Revolverkopf nach Abb. 104 werden für schwerere Stangenarbeiten bis 120 mm Durchmesser und auch für Futterarbeiten mit halbautomatischer Arbeitsweise gebaut. Der mit

Reibkupplungen ausgerüstete Räderspindelkasten kann der Arbeitsspindel 4 bis 12 schaltbare Geschwindigkeiten erteilen. Für Stangenarbeiten ist vollautomatischer Betrieb mit Zangenspannung möglich. Futterteile müssen von Hand in preßluft- oder elektrisch betätigte Spannfutter eingespannt werden.

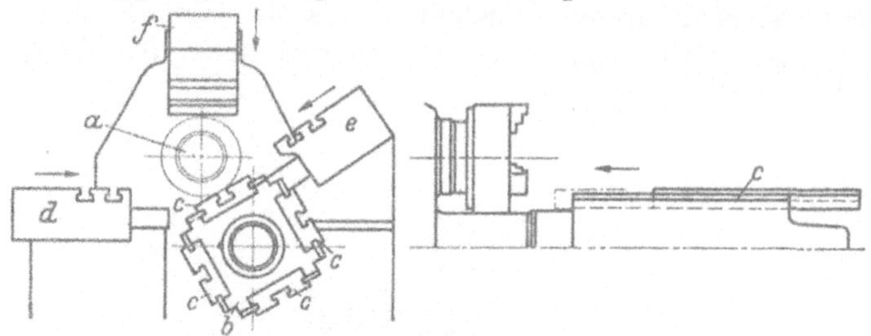

Abb. 104. Schema des Arbeitsraumes eines Einspindelautomaten mit Gridley-Revolverkopf.

a Arbeitsspindel; *b* Revolverkopf; *c* vier längsverschiebbare Werkzeugschlitten; *d* vorderer und *e* hinterer Querschlitten; *f* dritter Seitenschlitten.

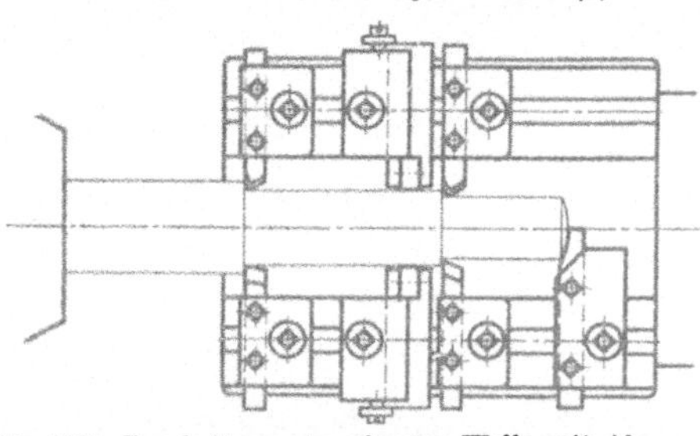

Abb. 105. Bearbeitung einer langen Welle mit Absätzen durch mehrere Stahlhalter von vorn und hinten auf gemeinsamer Grundplatte. Dazwischen Abstützung durch Führungsrollen vorn und hinten.

Der Revolverkopf ist vierseitig und um eine lange waagerechte Achse schaltbar. Als Werkzeugträger ist auf jeder Seite ein flacher Schieber in Führungen längsbeweglich angeordnet. Von einer durch die Revolverkopfachse geführte Zugstange wird in jeder Schaltstellung immer nur der obere Schieber bewegt, so daß die anderen Revolverwerkzeuge nicht stören.

Die Vorschubbewegungen des Revolvers werden von einer großen Kurventrommel am linken Bettende abgeleitet, die auch die Kurven für das Spannen und Werkstoffvorschieben bei Stangenmaschinen trägt. Zum Überbrücken der Leerwege wird durch verstellbare Nocken der Schnellgang der Steuerwelle selbsttätig eingeschaltet. Für die Planarbeiten sind zwei kräftige breite Querschlitten vorhanden, die durch flache Kurvenscheiben mit verstellbaren Segmentstücken unabhängig voneinander gesteuert werden. Zur Ergänzung kann noch ein dritter Seitenschlitten angebaut werden, der von oben arbeitet.

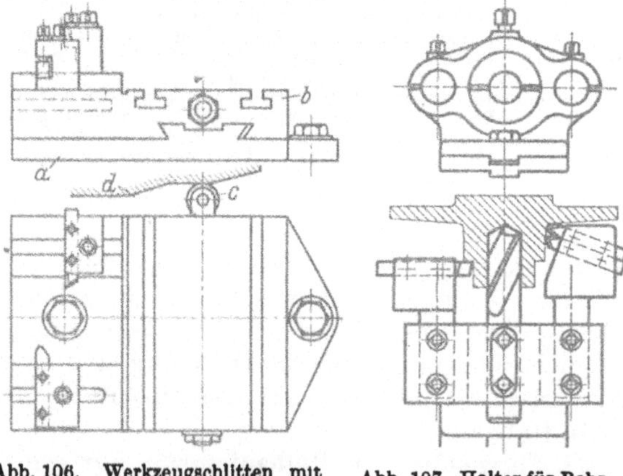

Abb. 106. Werkzeugschlitten mit Querbewegung und Kopiereinrichtung auf dem Revolverschlitten. Das Unterteil *a* wird auf einem der Werkzeugschlitten befestigt. Der Oberschlitten *b* besitzt mehrere T-Nuten zum Befestigen von Stahlhaltern. Eine Leitrolle *c*, die auch durch einen Taststein ersetzt werden kann, ist durch Spindel verstellbar mit dem Oberschlitten *b* verbunden. Auf den Ecken des Revolverkopfes, der nicht an der Längsbewegung teilnimmt, wird durch einen Halter eine passend ausgearbeitete Kopierschiene *d* befestigt, an welcher die Leitrolle entlang gleitet und dem Oberschieber die notwendige Planbewegung erteilt.

Abb. 107. Halter für Bohr- und Drehwerkzeuge auf dem Revolverschlitten.

Für die Herstellung von Arbeitsstücken in kleineren Serien gibt es auch Ausführungen dieser Automaten, bei denen die Anfertigung und das Auswechseln von Kurven fortfällt. Bei diesen Bauarten werden die Vorschubkurven einheitlich mit dem größten Arbeitsweg ausgeführt und die verschiedenen Vorschübe durch selbsttätiges Schalten von entsprechenden Getriebestufen erzielt. Die Maschinen sind da**durch** teurer, ersparen aber die Kosten für das häufige Anfertigen und Umsetzen der Kurven.

40. Werkzeuganordnungen. Die breiten und langen Werkzeugschlitten des

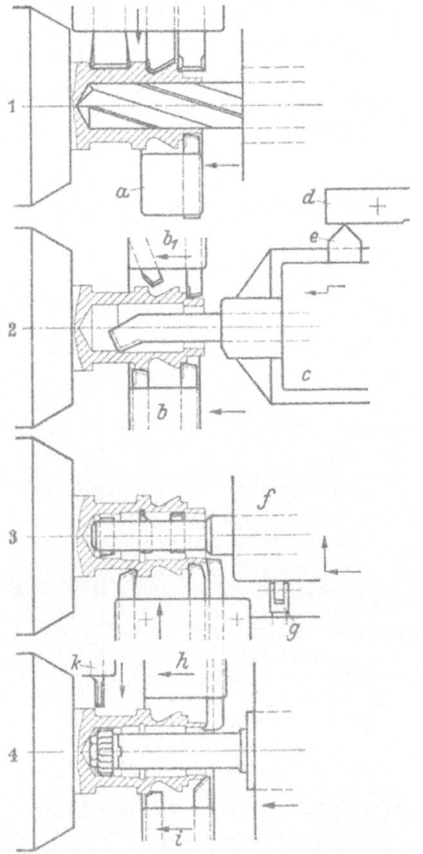

Abb. 108. Bearbeitung einer Kupplungsmuffe von Stange.

1. Vorbohren und mit Stahlhalter a auf dem Revolverschlitten Ansatz drehen. Vordrehen der Außenform vom hinteren Querschlitten.
2. Ausdrehung in der Bohrung bearbeiten. Der Bohrstahl sitzt in einem Werkzeughalter c mit Querbewegung. Der Taststein e gleitet an der Kopierschiene d entlang und steuert die Bewegung des Bohrwerkzeuges. Gleichzeitig vom Revolverschlitten Überdrehen durch Stahlhalter b und b_1.
3. Bohrung fertigdrehen und Einstechen der Ringnute durch Bohrstange in Stahlhalter mit Querbewegung f. Dieses Werkzeug wird hier durch eine Rolle g, die auf dem vorderen Querschlitten befestigt ist, planbewegt, gleichzeitig mit dem Vorgehen der Planwerkzeuge.
4. Bohrung reiben, ausdrehen und Kanten abrunden durch Stahlhalter h und i auf Revolverschlitten. Abstechen vom oberen Seitenschlitten k.

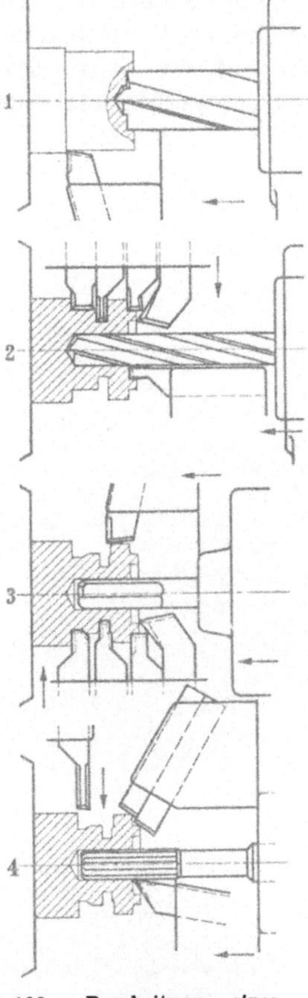

Abb. 109. Bearbeitung eines Schaltrades von Stange.

1. Abgesetzt vorbohren und außen überdrehen vom Revolver.
2. Vorbohren und Aussparung stirnseitig fertigdrehen vom Revolver. Gleichzeitig Außenform vordrehen vom hinteren Querschlitten.
3. Bohrung fertigdrehen, Außendurchm. überdrehen vom Revolver. Form fertigdrehen und Planseite schlichten vom vorderen Querschlitten.
4. Bohrung reiben und Kanten brechen vom Revolver, abstechen vom oberen Seitenschlitten.

Revolverkopfes bieten sehr günstige Möglichkeiten zur Unterbringung von mehreren gleichzeitig arbeitenden Werkzeugen. Abb. 105 zeigt beispielsweise zur Bearbeitung einer langen abgesetzten Welle einen Mehrfachwerkzeughalter, der es gestattet, mehrere Stahlhalter mit Langdrehstählen von vorn und hinten anzusetzen. Diese Halter sind sehr vielseitig verwendbar, da die Werkzeuge den

Abmessungen der Werkstücke entsprechend beliebig in der Längsrichtung verstellt werden können.

Der Werkzeughalter mit Querbewegung nach Abb. 106 dient zum Drehen von Innen- und Außenformen nach Schablone. Die Schablone wird durch einen Halter auf die feste Ecke des Revolverblockes ge-

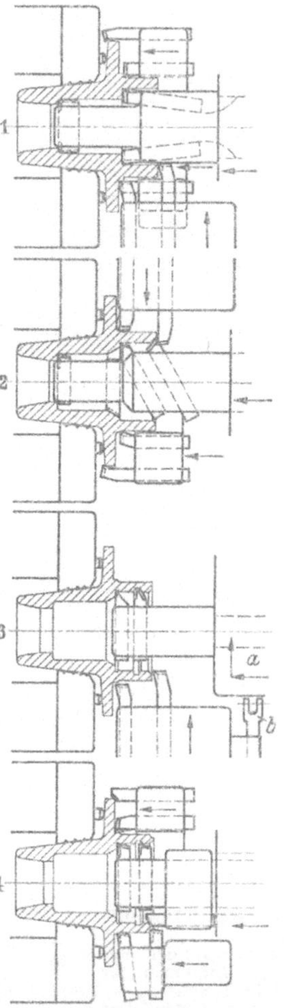

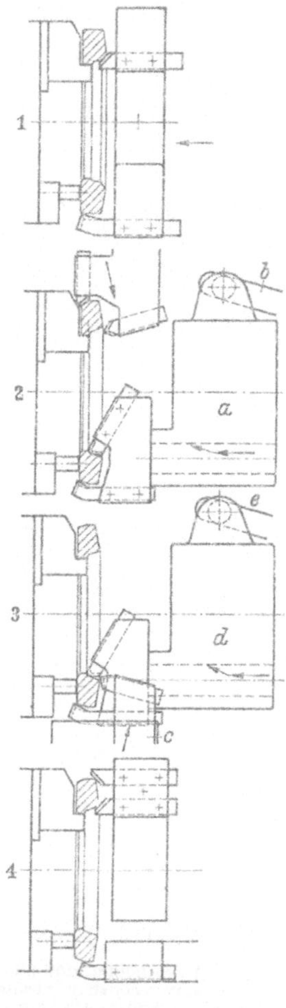

Abb. 110. Bearbeitung eines Gehäuses aus Temperguß. Einspannung im Zweifingerfutter durch Preßluft betätigt. Das Teil ist an der hinteren Stirnfläche und im Paß-⌀ bereits bearbeitet.
1. Bohrung aufsenken und Nabe außen drehen vom Revolver. Gleichzeitig wird der kegelige Außen-⌀ durch ein Sonderwerkzeug vom Revolver aus überdreht. In dem Arm *a* ist der Stahlhalter *b* um Zapfen *c* schwingend gelagert. Am hinteren Ende des Stahlhalters sitzt eine Rolle, die in einer Führungsnut des Kopierlineals *d* am Revolverkopf gleitet.
2. Fertigdrehen der Planflächen vom vorderen Querschlitten.
3. Bohrung und Nabe fertigdrehen vom Revolver.
4. Bohrung reiben und Kanten abschrägen vom Revolver.

Abb. 111. Bearbeitung einer Fahrzeugnabe. Einspannung im Preßluft-Dreibackenfutter.
1. Vorgeschmiedete Bohrung ausdrehen, Außen-⌀ vordrehen vom Revolver. Planflächen vordrehen vom vorderen Querschlitten.
2. Bohrung und Außen-⌀ nachdrehen vom Revolver. Planflächen schlichten vom hinteren Querschlitten.
3. Nuten in der Bohrung einstechen vom Revolverschlitten. Der Werkzeughalter *a* mit Querbewegung wird durch Rolle *b* auf dem vorderen Querschlitten planbewegt. Die Stähle auf dem Querschlitten gehen dabei nur leer vor.
4. Bohrung fertigdrehen, Außendurchm. nachdrehen und Kanten anschrägen vom Revolver.

Abb. 112. Bearbeitung eines Tellerrades. Einspannen im Preßluft-Dreibackenfutter.
1. Außen-⌀ vordrehen und Kante anschrägen vom Revolver.
2. Vom Revolver vordrehen der Schrägen außen und innen durch Kopierdrehwerkzeug *a* mit Führungslineal *b*. Auf dem hinteren Querschlitten sitzt ein Werkzeughalter mit Querschieber und Leitlineal zum Drehen der vorderen Kegelfläche.
3. Vom Revolver Schlichten der Schrägen innen und außen durch Kopierdrehwerkzeug *d* mit Leitlineal *e*. Vom vorderen Querschlitten aus Schlichten der vorderen Kegelfläche durch Werkzeughalter mit Querschieber und Leitlineal *c*.
4. Außen-⌀ fertigdrehen und Kanten brechen vom Revolver.

schraubt und macht daher die Bewegung des Schlittens nicht mit. Das Werkzeug kann sehr vielseitig benutzt werden, wie an den gezeigten Arbeitsplänen zu ersehen ist.

Für Bohrarbeiten wird ein Halter nach Abb. 107 auf dem Schlitten befestigt. Das mittlere Loch fluchtet genau mit der

Abb. 113.　Ansicht der Werkzeugeinrichtung für das Arbeitsbeispiel nach Abb. 112.

Arbeitsspindel und kann durch passende Klemmbüchsen Bohrwerkzeuge aller Art aufnehmen. In die beiden seitlichen Bohrungen können Drehstahlhalter mit runden Schäften zum gleichzeitigen Langdrehen gesetzt werden.

Auf den Ecken des Revolverblockes kann der Werkstoffanschlag befestigt werden oder auch andere Hilfswerkzeuge, die keine Längsbewegung zu machen brauchen.

In allen 4 Lagen können Schnellbohreinrichtungen aufgesetzt werden, die von der rechten Stirnseite des Revolvers gemeinsam durch einen besonderen Motor angetrieben werden.

Das Gewindeschneiden erfolgt bei langsamer Spindelgeschwindigkeit. Zum Ablaufen des Schneideisens oder Gewindebohrers wird die Spindel nach dem Fertigschneiden des Gewindes auf entgegengesetzte Drehrichtung umgeschaltet. Bei Verwendung eines selbstöffnenden Gewindeschneidkopfes kann das Umschalten fortfallen.

Die Stahlhalter für die Querschlitten sind meist einfache kräftige Blockstahlhalter und zur Aufnahme von mehreren Planstählen vorgesehen. Zum

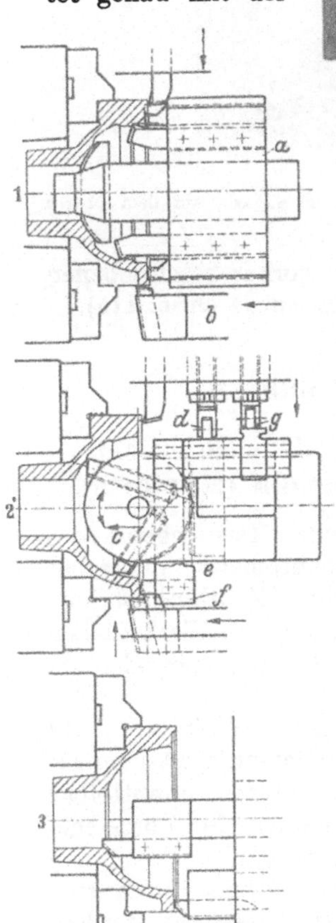

Abb. 114.　Bearbeitung eines Ausgleichgehäuses. Erste Einspannung.
Spannen im Preßluft-Dreibackenfutter.
1. Vordrehen der Kugelflächen, des Außen-⌀ und der Stirnflächen vom Revolver durch Stahlhalter a und b. Vom hinteren Querschlitten Vordrehen der Stirnfläche.
2. Fertigdrehen der Kugelflächen durch Sonderwerkzeug c auf dem Revolverschlitten. Die Betätigung des Kugeldrehstahlhalters c erfolgt vom hinteren Querschlitten durch Rolle d über Zahnstange e. Gleichzeitig Drehen der Planfläche im Einpaß durch Stahlhalter f, der durch Rolle g vom hinteren Querschlitten betätigt wird. Gleichzeitig Fertigdrehen des Außen-⌀ vom Revolverschlitten. Vom vorderen Querschlitten Fertigdrehen der äußeren Planfläche. — 3. Kanten brechen vom Revolverschlitten.

Bearbeiten von Formen werden Halter für flache und runde Formstähle verwendet. Arbeitsbeispiele Abb. 108 bis 114.

Selbsttätige Ladeeinrichtungen werden entweder auf dem hinteren Querschlitten oder auf dem oberen dritten Seitenschlitten angebracht in ähnliche

Abb. 115. Ansicht einer Werkzeugeinrichtung für ein Arbeitsstück, das durch Magazin auf dem oberen Seitenschlitten zugeführt wird.

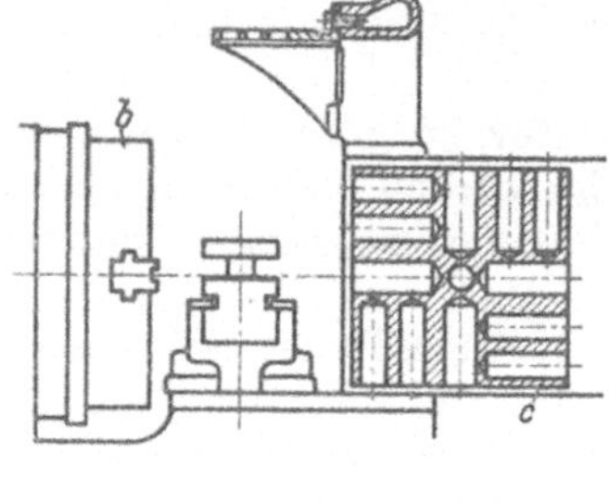

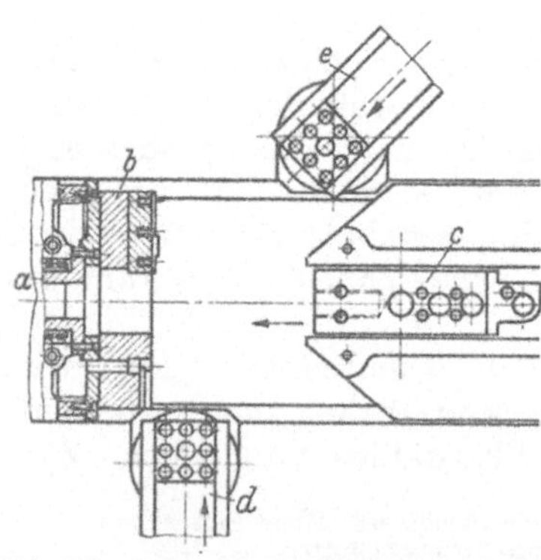

Abb. 116. Schema des Arbeitsraumes eines Halbautomaten (Monforts).
a Arbeitsspindel; *b* Spannfutter; *c* vierseitiger Revolverkopf; *d* vorderer Querschlitten in äußerster Stellung links; *e* hinterer Querschlitten in äußerster Stellung links; *e* hinterer Querschlitten in äußerster Stellung rechts, Oberteil geschwenkt.

Form, wie bereits bei den vorher beschriebenen Revolverautomaten gezeigt wurde (Abb. 115).

V. Halbautomaten.

A. Halbautomaten mit waagerecht gelagertem Revolverkopf (Monforts).

41. Aufbau der Maschine. Das Schema des Arbeitsraumes eines Halbautomaten deutscher Bauart zeigt Abb. 116. Diese Maschine ist ausschließlich für die Bearbeitung von Werkstücken (auch Stangen) im Preßluftspannfutter oder auf Spanndornen gebaut.

Bei den größeren Modellen sitzt vorn auf dem Flansch der Arbeitsspindel ein großes Innenzahnrad, auf dem das Spannfutter unmittelbar befestigt ist. Ein Zahntrieb auf der Vorgelegewelle greift in den Zahnkranz ein.

Durch 4 Riemen, welche jeweils durch eine gesteuerte Spannrolle einzeln gespannt werden, und einen Kettentrieb können auf der Vorgelegewelle 5 verschiedene Geschwindigkeiten erzielt werden. Je nach Maschinengröße sind diese Geschwindigkeiten durch Räderkupplungen noch 2- oder 3fach veränderlich, so daß im ganzen

10 bzw. 15 verschiedene Umdrehungszahlen zur Verfügung stehen. Durch ähnliche Schaltung sind 4 verschiedene automatisch schaltbare Vorschübe erreichbar, welche noch je nach Werkstück von Hand durch Ziehkeilgetriebe in 3 Gruppen verändert werden können.

Diese Auswahlreihe der Geschwindigkeiten ist für die Bearbeitung größerer Futterteile sehr vorteilhaft.

Der Revolverkopf ist vierseitig und um eine waagerechte Achse schaltbar, die beiderseitig in dem Revolverschieber gelagert ist, wodurch große Starrheit gesichert ist. Jede Stirnseite des Revolvers besitzt außer der zentralen Auf-

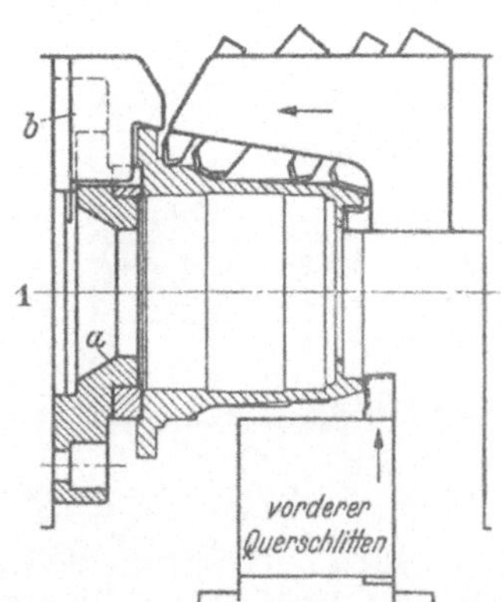

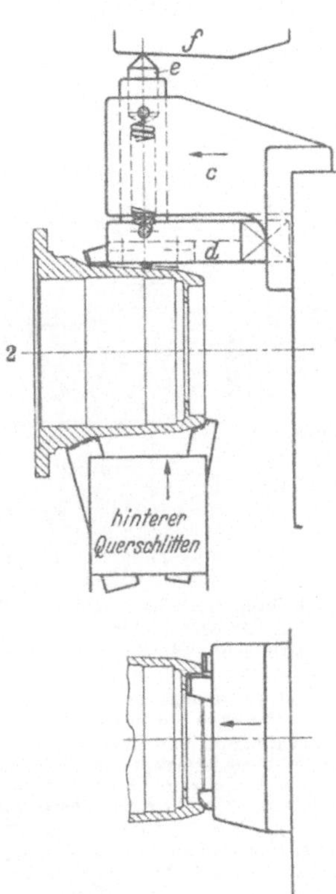

Abb. 117. Bearbeitung einer Flanschbüchse. Zweite Einspannung. Das Teil wird in ein Druckluft-Dreibackenfutter gespannt. Zwischen den Backen ist ein Aufnahmeflansch a auf dem Futter befestigt, der mit einem harten Zentrierring zur Aufnahme und Einmittung des Werkstückes versehen ist. Die Aufsatzbacken b ziehen durch Schrägflächen das Teil gut nach hinten.

1. Überdrehen verschiedener Teile des Außendurchmessers durch Stähle in einem Blockstahlhalter am Revolverkopf. Gleichzeitig Vordrehen des Kugellagersitzes der Bohrung. — Vom vorderen Querschlitten: Plandrehen der Stirnfläche.

2. Kopierdrehen des kegeligen Teiles am Außendurchmesser. Am Revolverkopf ist ein Halter c angeflanscht, der den Kopierstahlhalter d aufnimmt. Der Halter d führt sich in c durch einen angedrehten Zapfen und ist durch einen flachen Ansatz gegen Verdrehen gesichert. Durch starke Zugfedern wird der Halter stets nach oben gegen die Kopierleiste f gezogen. Die Kopierleiste ist am feststehenden Gehäuse des Revolverschlittens verschraubt, so daß beim Vorgehen des Revolvers der Taststein e die Form der Leiste abtastet und deren Form auf den Stahl und das Werkstück überträgt. — Vom hinteren Querschlitten: Formdrehen am Außendurchmesser.

3. Schlichten des Kugellagersitzes und der Stirnfläche, Anschrägen der Bohrung.

nahmebohrung noch zwei weitere, übereinanderliegende Werkzeuglöcher. Der Revolverschieber führt sich in einem Gehäuse, welches auf dem Bett verschiebbar und im jeweils erforderlichen Abstand von der Arbeitsspindel festklemmbar ist.

Die beiden Querschlitten vorn und hinten sind an der Bettwand in Längsrichtung verstellbar befestigt. Die Planschlitten sind zum Kegeldrehen in beliebigem Winkel zur Spindelachse einstellbar.

42. Arbeitsweise. Die Arbeitsbewegung des Revolverschlittens und der beiden Querschlitten wird von einer quer im Bett gelagerten Steuertrommel abgeleitet. Diese Trommel trägt eine herzförmige Plankurve für den Vor- und Rücklauf des Revolvers. Für jeden Arbeitshub und Rückgang des Revolvers dreht sich die Kurventrommel um 360°. Leerwege werden im schaltbaren Schnellgang zurückgelegt. Die Bewegung der beiden Querschlitten wird ebenfalls von dieser Kurve über 2 waagerechte Zahnstangen und senkrechte Wellen abgeleitet. Da jeder Querschlitten nur einmal während der gesamten Bearbeitung bei 4 Vorläufen des Revolverschlittens vorgeht, sorgt eine besondere Kupplungseinrichtung dafür, daß die Querschlittenzahnstangen nur nach jedem vierten Hub mitgenommen werden. Der Hub des Querschlittens kann im Verhältnis zum Revolverweg beliebig eingestellt werden durch Verstellen der Kupplungseinrichtung, so daß die Querschlittenzahnstange früher oder später mitgenommen wird. Die Querschlitten arbeiten unabhängig voneinander. Die Ein-

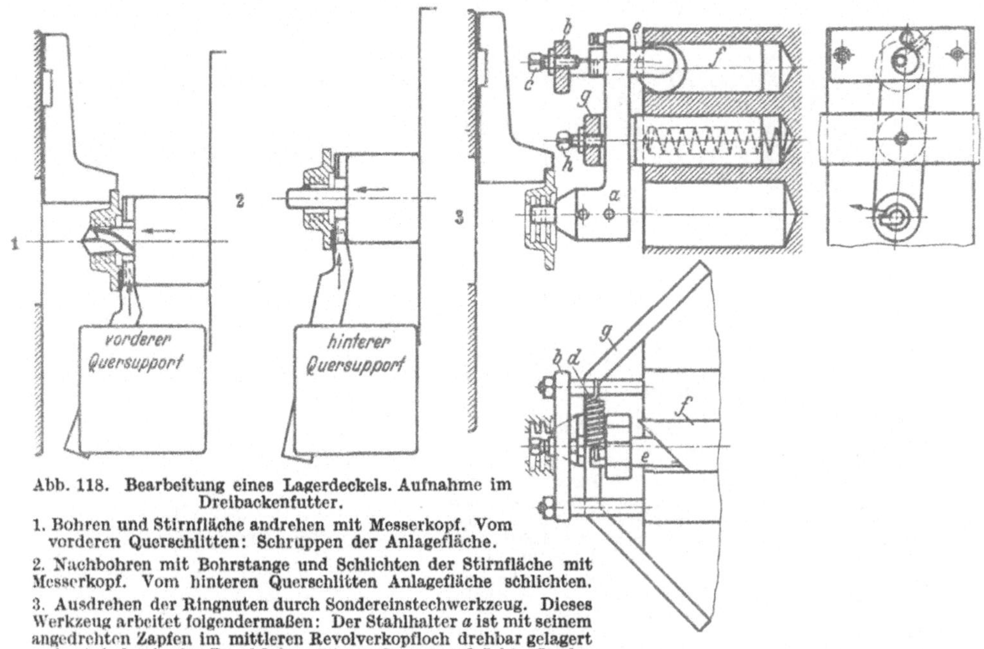

Abb. 118. Bearbeitung eines Lagerdeckels. Aufnahme im Dreibackenfutter.

1. Bohren und Stirnfläche andrehen mit Messerkopf. Vom vorderen Querschlitten: Schruppen der Anlagefläche.

2. Nachbohren mit Bohrstange und Schlichten der Stirnfläche mit Messerkopf. Vom hinteren Querschlitten Anlagefläche schlichten.

3. Ausdrehen der Ringnuten durch Sondereinstechwerkzeug. Dieses Werkzeug arbeitet folgendermaßen: Der Stahlhalter a ist mit seinem angedrehten Zapfen im mittleren Revolverkopfloch drehbar gelagert und wird durch eine Druckfeder stets nach vorn gedrückt. In der Stirnplatte b, die in einem Abstand mit dem Revolverkopf verschraubt ist, sitzt die Anschlagschraube c, welche den Stahlschalter in seiner vordersten Stellung begrenzt. Eine Zugfeder d zieht den oberen Teil des Stahlhalters stets nach hinten. — Im Stahlhalter a ist der Bolzen e befestigt, welcher durch die Zugfeder d mit seiner abgeschrägten Seite gegen die Abschrägung eines Bolzens f gezogen wird, der fest im oberen Revolverkopfloch sitzt. In dieser Stellung kann der Einstechstahl frei in die Bohrung eintreten. — Am Revolvergestell ist der Bügel g verschraubt, der in der Mitte die Anschlagschraube h trägt. — Trifft beim Vorgehen des Revolverkopfes der Stahlhalter a auf die Anschlagschraube h, so wird der Stahlhalter festgehalten und die Druckfeder wird zusammengedrückt. Der Bolzen f geht ebenfalls mit dem Revolverkopf weiter vor und verdreht durch die Schrägfläche den Stahlhalter so, daß der Einstechstahl in das Werkstück eindringt und die Nuten einsticht. Beim Zurückgehen des Revolvers federt zuerst der Stahlhalter zurück, bis dann die Anschlagschraube c auch den Stahlhalter mit zurücknimmt.

heitskurve in Verbindung mit den schaltbaren Vorschubgeschwindigkeiten und dem Eilgang erübrigt die Anfertigung von Sonderkurven.

Dadurch werden die Einrichtungskosten gering und der Automat auch für kleinere Serien anwendbar.

43. Die Werkzeuge. Die Revolverwerkzeuge sind entweder mit Rundschaft versehen zum Einsetzen in die Bohrungen oder werden durch Flansche an die Stirnseiten geschraubt. Für besonders große Drehdurchmesser kann auf die jeweils obere Stirnfläche noch ein besonderer Halter mit Aufnahmebohrung für ein Schaftwerkzeug gesetzt werden.

Für starke Spanabnahme sind die Stähle zweckmäßig in Blockstahlhaltern zusammenzufassen, wie in mehreren Beispielen gezeigt (Abb. 117 bis 125).

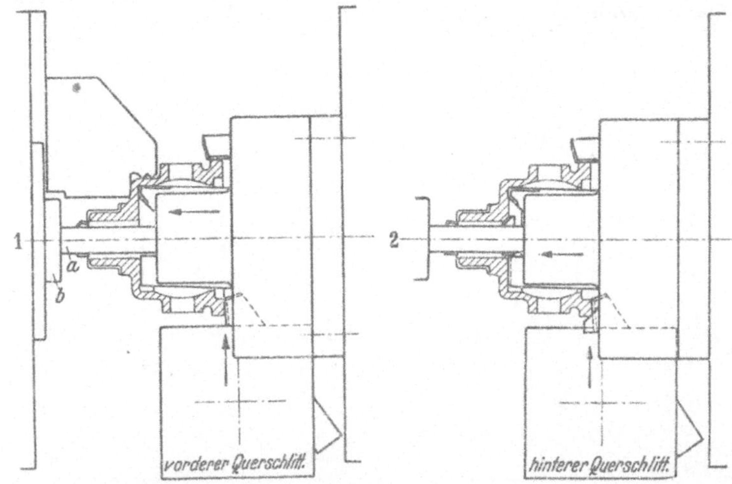

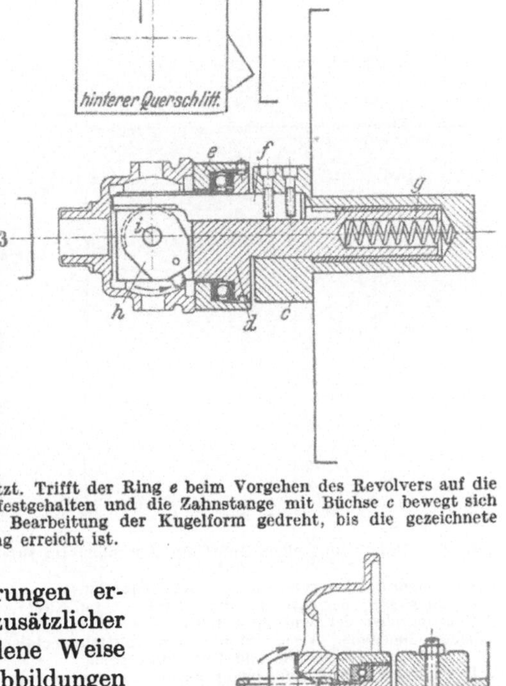

Abb. 119. Bearbeitung eines Antriebsgehäuses. Aufnahme im Dreibackenfutter.

1. Ein Blockstahlhalter am Revolverkopf vereinigt 3 Stähle zum Überdrehen, Ausbohren und Vordrehen der inneren Stirnfläche sowie eine Bohrstange zum Ausdrehen der kleinen Bohrung, die in der Spindel durch eine Büchse geführt wird. Vom vorderen Querschlitten aus Schruppen der Stirnfläche.

2. Die gleichen Werkzeuge wie bei 1, jedoch zum Schlichten, zwei Stähle mehr zum Kanten brechen. Schlichten der Stirnfläche vom hinteren Querschlitten.

3. Ausdrehen der inneren Kugelform durch Sonderwerkzeug. Die Führungsbüchse c ist im Revolverkopf befestigt. In dieser Büchse führt sich der Schaft d, der durch eine Druckfeder g stets nach außen gedrückt wird. In der Führungsbüchse c ist die Zahnstange f befestigt, welche in die Verzahnung des um den Zapfen i drehbaren Stahlhalters h eingreift. Der Ring e dreht sich auf dem Schaft d und ist in Achsrichtung durch ein Längslager gestützt. Trifft der Ring e beim Vorgehen des Revolvers auf die Stirnfläche des Werkstückes, so wird der Schaft d festgehalten und die Zahnstange mit Büchse c bewegt sich weiter vor. Dadurch wird der Stahlhalter h zur Bearbeitung der Kugelform gedreht, bis die gezeichnete Stellung erreicht ist.

Einstiche oder Formen in Bohrungen erfordern besondere Werkzeuge mit zusätzlicher Planbewegung, welche auf verschiedene Weise betätigt werden können und in den Abbildungen näher erläutert sind.

B. Halbautomaten mit senkrecht gelagertem Revolverkopf.

Zum Schluß soll hier noch auf den Halbautomaten nach System „Potter und Johnston" hingewiesen werden, der heute in Deutschland nicht mehr gebaut wird, aber noch in manchen Werkstätten arbeitet (Abb. 126). Er entspricht in seinem Arbeitsbereich dem vorher beschriebenen Monforts-Automaten.

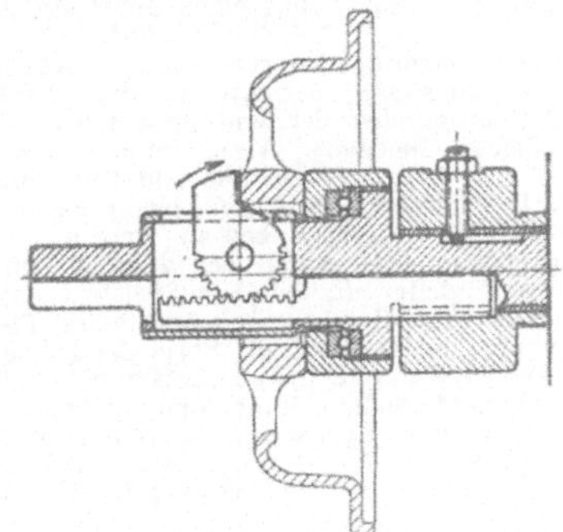

Abb. 120. Sonderwerkzeug zur Bearbeitung der hinteren Nabenstirnfläche eines Lagerschildes. Dieses Werkzeug entspricht im Aufbau dem Werkzeug 3 in Abb. 119. Hier ist der schwenkbare Stahlhalter der breiten Schnittfläche wegen gleich als voller Schneidstahl ausgebildet.

Die Arbeitsspindel hat 3 schaltbare Geschwindigkeiten. Weitere 4 Gruppen können durch Umlegen eines Schwinghebels für das Norton-Getriebe eingestellt werden. Ferner kann noch ein Wechselräderpaar umgesteckt werden, so daß insgesamt 24 Geschwindigkeitsstufen erreichbar sind.

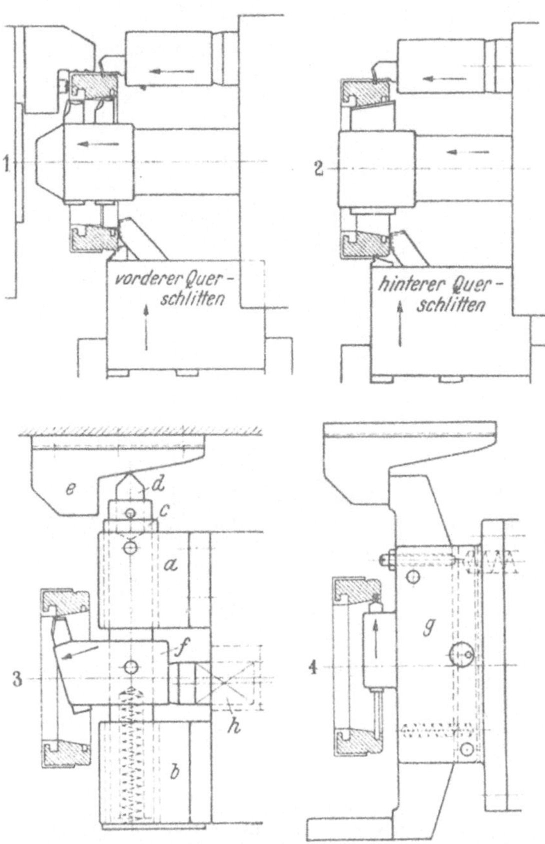

Abb. 121. Bearbeitung eines Gußteiles. Aufnahme im Dreibackenfutter.
1. Vordrehen der Bohrung und des Außendurchmessers; vom vorderen Querschlitten: Schruppen der Stirnfläche und Kante brechen.
2. Kegeligdrehen der Bohrung durch breites Messer, Schlichten des Außendurchmessers. Vom hinteren Querschlitten: Schlichten der Stirnfläche und Nute einstechen.
3. Fertigdrehen der Kegelbohrung durch Kopierwerkzeug. In den Führungen a und b bewegt sich der Bolzen c, der durch eine Druckfeder stets nach oben gedrückt wird. Der harte Führungsstein d gleitet an der Kopierleiste e entlang, die am Revolvergehäuse befestigt ist. Der Stahlhalter f ist mit dem Bolzen c verbunden und überträgt die Form der Leiste auf das Werkstück. Der Zapfen des Stahlhalters ist mit zwei Flächen versehen. Um gegen Drehung zu sichern, führt sich der Zapfen in einer entsprechenden Nute einer Büchse h in der mittleren Revolverkopfbohrung.
4. Einstechen der schmalen Nut in der Bohrung mittels Einstechwerkzeug g (s. Abb. 122).

Abb. 122. Einstechwerkzeug für Beispiel nach Abb. 121 Arbeitsstufe 4.
An der Stirnfläche des Revolverkopfes ist die geschlitzte Lagerplatte a befestigt. In dieser Lagerplatte ist die Schwinge b drehbar um den Zapfen c aufgehängt. Durch die Druckfeder d wird die Schwinge b am oberen Teil stets nach außen gedrückt. Der in der Schwinge sitzende Stift e ragt mit seinem freien Ende in die Bohrung f der Lagerplatte und bildet den Anschlag für die Bewegung der Schwinge. In den Schlitz der Schwinge ist der Stahlhalter g eingesetzt, drehbar um Zapfen h. Die Druckfeder i drückt den Stahlhalter g am unteren Teil nach außen, bis die Anschlagschraube k am Grund der Schwinge b anschlägt. Die gezeichnete Stellung zeigt das Werkzeug kurz nach dem Anschlagen der beiden Enden des Stahlhalters g an den hierfür vorgesehenen Anschlagplatten am Maschinenrahmen. Der Stahlhalter kann sich jetzt axial nicht weiter bewegen und wird beim Vorgehen des Revolverkopfes senkrecht nach oben geschoben, da die beiden schwingenden Teile b und g sich um ihre Lagerpunkte drehen.

Der Revolverschlitten ist vierseitig und schaltet um eine senkrechte Achse, die von oben nochmals durch einen Gegenarm abgestützt ist.

Der Schlitten kann in vier verschiedenen Abständen von der Spindel auf dem Bett eingestellt werden. Eine unveränderliche Trommelkurve unter dem Schlitten bewegt den Revolver für jede Schaltstellung stets um seinen festgelegten Arbeitsweg vor und zurück.

Die beiden Querschlitten vorn und hinten werden unabhängig durch gesonderte Trommelkurven gesteuert. Die Unterschlitten können am Bett in Längsrichtung verstellt werden, ebenso können die Oberschlitten durch Verstellen der Rollenträger ihren normalen Planweg näher oder entfernter von der Spindelmitte verlegen. Ein Schrägstellen der Schlitten ist nicht möglich, so daß zur Bearbeitung von Kegelrädern oder dergleichen besondere Aufsatzschlitten verwendet werden müssen (Abb. 127 und 128).

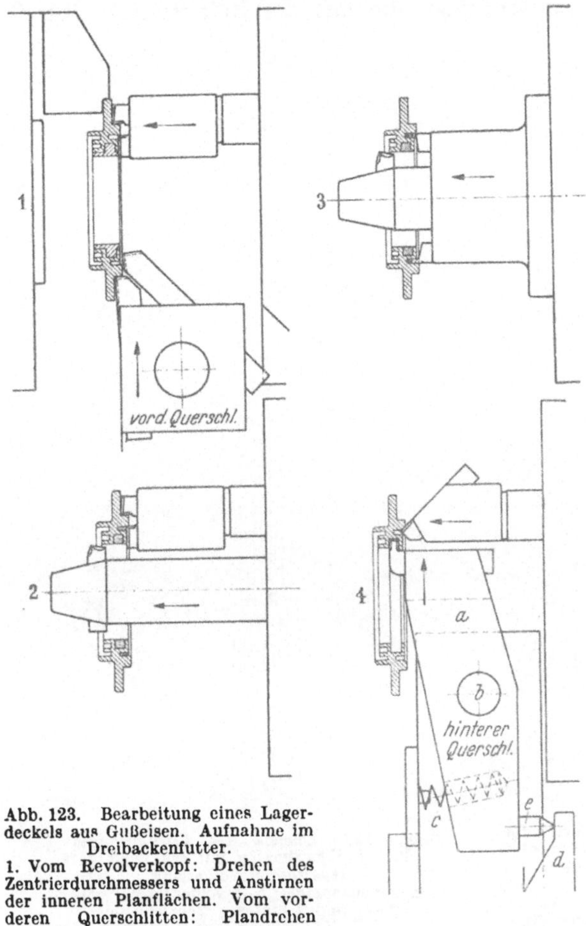

Abb. 123. Bearbeitung eines Lagerdeckels aus Gußeisen. Aufnahme im Dreibackenfutter.
1. Vom Revolverkopf: Drehen des Zentrierdurchmessers und Anstirnen der inneren Planflächen. Vom vorderen Querschlitten: Plandrehen der beiden äußeren Stirnflächen.
2. Vom Revolver: Schlichten des Zentrierdurchmessers und der inneren Planfläche, Vordrehen der Bohrung.
3. Ausstechen der Ringnute in der Stirnfläche durch zwei Messerstähle und Schlichten der Bohrung.
4. Vom Revolver: Kante abschrägen, vom hinteren Querschlitten Ausstechen der Ringnute in der Bohrung. Der Stahlhalter a mit dem Ausstechstahl ist drehbar mit den Zapfen b auf dem Querschlitten befestigt. Eine Druckfeder c drückt den hinteren Teil des Stahlhalters gegen das Führungslineal d, welches am Unterteil des Querschlittens befestigt ist. Beim Vorgehen des Oberschlittens fährt der harte Stift e an der Leiste d entlang, schwenkt durch die entsprechende Form der Leiste den Halter zuerst in die richtige axiale Arbeitsstellung und läßt dann den Stahl radial in das Arbeitsstück eindringen.

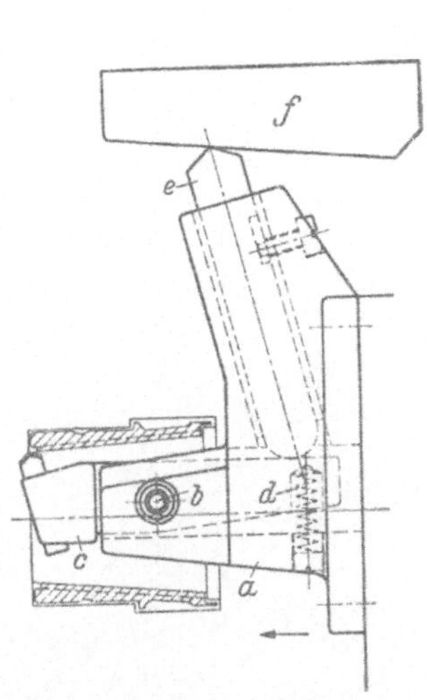

Abb. 124. Werkzeug zum Ausdrehen von kegeligen Bohrungen und sonstigen Formbohrungen.
Die Lagerplatte a ist an der Stirnseite des Revolverkopfes festgeschraubt und trägt in einem Schlitz geführt den Stahlhalter c, welcher um den Zapfen b schwenkbar gelagert ist. Durch die Druckfeder d wird der Stahlhalter am freien Ende stets zur Mitte gedrückt. In der Lagerplatte a ist ferner noch der Kopierbolzen e gelagert, der mit seinem unteren Ende auf den Stahlhalter c drückt, während die obere Spitze die Kopierleiste f abtastet, welche am Rahmen des Revolverschlittens befestigt ist. Beim Vorgehen des Revolverschlittens wird also entsprechend der Form der Leiste die Bohrung ausgedreht. Der Rückdruck des Stahles wird gegen die Leiste gerichtet, so daß kein Abweichen eintreten kann.

Da die ganze Steuerung dem Einkurvensystem entspricht, so ist auch ein Schnellgang der Steuerwelle für das Überbrücken der Leerwege erforderlich.

Die seitlichen Teile der Steuerwelle mit den Kurven für die beiden Querschlitten sind durch schaltbare Kupplungen mit der Hauptsteuerwelle verbunden. Durch eine Übersetzung dreht sich die Kurventrommel für den Revolverschlitten viermal, während die Steuerwelle sich einmal gedreht hat. Durch Schaltnocken können die Querschlitten nach Belieben mit einer der Revolverkopfbewegungen einzeln oder gemeinsam zusammenarbeiten, indem die Kupplungen ihre Kurventrommeln mit der Steuerwelle verbinden. Für die Bohrwerkzeuge besitzt jede Revolverkopffläche eine Aufnahmebohrung, die mit der Spindelmitte überein-

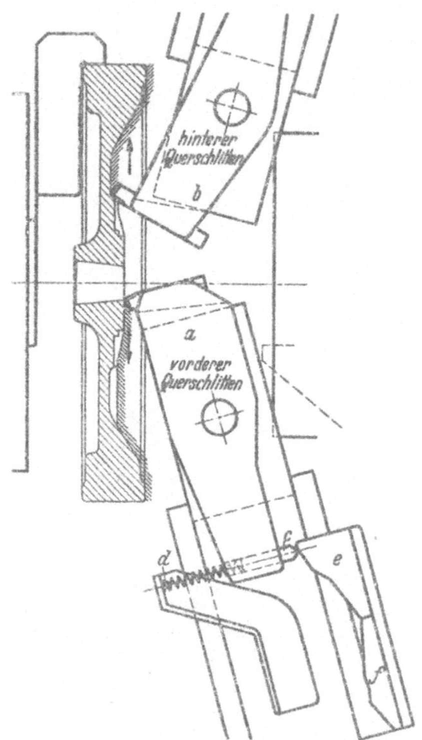

Abb. 125. Bearbeitung einer Schwungscheibe. In der Abbildung ist gezeigt, wie es möglich ist, große Planformen von den Querschlitten aus zu drehen. Die Aufgabe wird gelöst durch große schwenkbare Stahlhalter *a* und *b* auf den Oberschlitten der Querschlitten. Diese Stahlhalter tragen am hinteren Ende Taststifte *c* und werden durch Druckfeder nach außen gedrückt. Am Unterteil der Querschlitten sind auf einer besonderen Platte Kurvenleisten *e* und *f* befestigt, an denen der Taststift beim radialen Vorgehen des Oberschlittens entlang gleitet. Dieselbe Anordnung ist auch auf den hinteren Querschlitten getroffen.

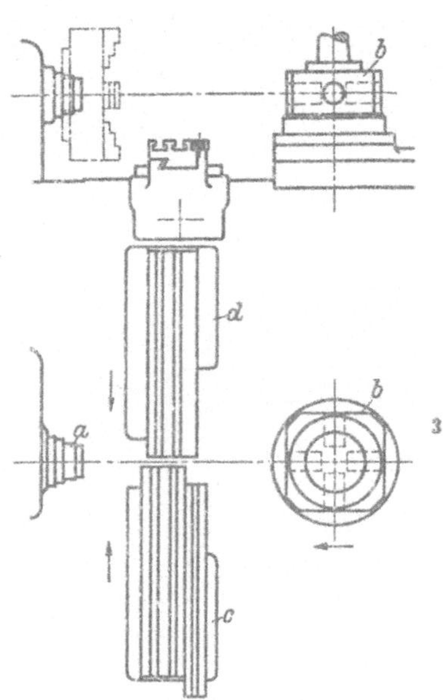

Abb. 126. Schema des Arbeitsraumes eines Halbautomaten mit senkrecht gelagertem Revolverkopf.
a Arbeitsspindel; *b* Revolverkopf; *c* vorderer und *d* hinterer Querschlitten.

stimmt. Sind noch weitere Werkzeuge zum Überdrehen usw. notwendig, so sind diese in einen besonderen Werkzeugbock zu setzen, der an der Stirnfläche des Revolverkopfes angeschraubt wird und mehrere Aufnahmebohrungen für Schaftwerkzeuge besitzt.

Die beiden Arbeitsbeispiele Abb. 127 bis 130 geben gute Vergleichsmöglichkeiten mit den vorher beschriebenen Bauarten von Futterautomaten.

Unter das Gebiet der Halbautomaten fallen auch noch die halbselbsttätigen Drehbänke für Spitzenarbeiten. Diese entsprechen im Grunde den sog. Vielstahlbänken. Die Werkzeuge sind diesen fast vollkommen gleich und einfach, da es sich hier immer nur um Plan- und Langdreharbeiten an Wellen usw. handelt,

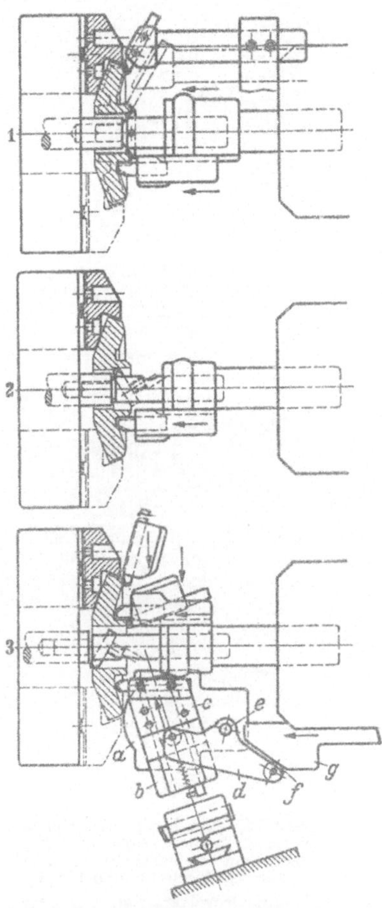

Abb. 127. Bearbeitung eines vorgepreßten Kegelrades. Erste Einspannung. Aufnahme im Dreibackenfutter.

1. Kanten anschrägen und Nabe überdrehen vom Revolver.

2. Bohrung erste Hälfte vordrehen, Nabe nachdrehen vom Revolver.

3. Zweite Hälfte der Bohrung vordrehen, Nabe fertigdrehen vom Revolver. Vom hinteren Querschlitten Planflächen drehen, vom vorderen Querschlitten Kegelfläche drehen. Auf den Querschlitten wird ein zweiter Schlitten a gesetzt, dessen Oberschieber b beliebig im Winkel eingestellt werden kann. Auf dem Oberschieber wird der Stahlhalter c befestigt. Auf dem Unterschlitten a ist der Rollenhebel d um Punkt e drehbar gelagert. Am Revolverkopf ist eine Schrägleiste g befestigt, welche beim Vorgehen den Hebel d mit der Rolle f schwenkt. Durch diese Schwenkbewegung drückt die Rolle am anderen Hebelende den Stahlhalter c und dadurch den Oberschieber in schräger Richtung vor. Sämtliche Bohrstangen sind in der Arbeitsspindel durch eine Führung abgestützt.

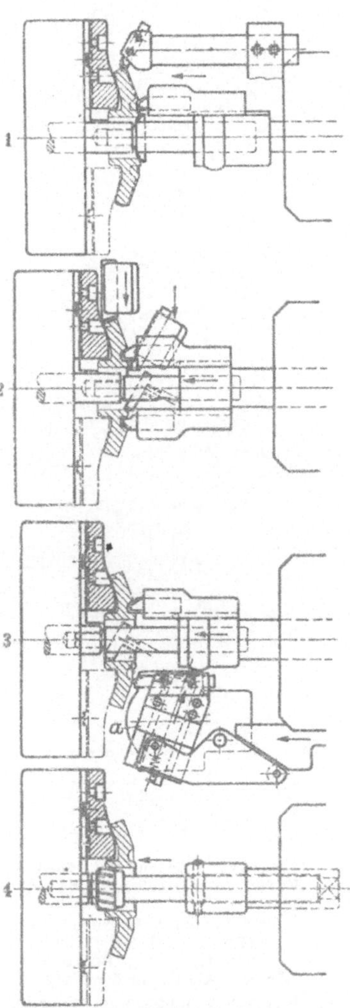

Abb. 128. Bearbeitung des Kegelrades. Zweite Einspannung. Aufnahme im Dreibackenfutter.

1. Kanten der Bohrung anschrägen, Nabe vorstechen und Außen-⌀ vordrehen vom Revolver.

2. Nabe durch 2 Stähle ausstechen und Bohrung anschrägen (schlichten) vom Revolver. Vom hinteren Querschlitten: Planfläche der Nabe und Schräge am Außen-⌀ drehen.

3. Vom Revolver: Bohrung nachdrehen und Nabe fertigdrehen. Drehen der Kegelfläche durch Sonderwerkzeug a auf dem vorderen Querschlitten (s. auch Abb. 127).

4. Bohrung reiben. Alle Bohrstangen in der Spindel abgestützt.

wie diese auch bei den normalen Drehbänken vorkommen. Aus Raummangel kann hier auf diese Maschinen nicht eingegangen werden.

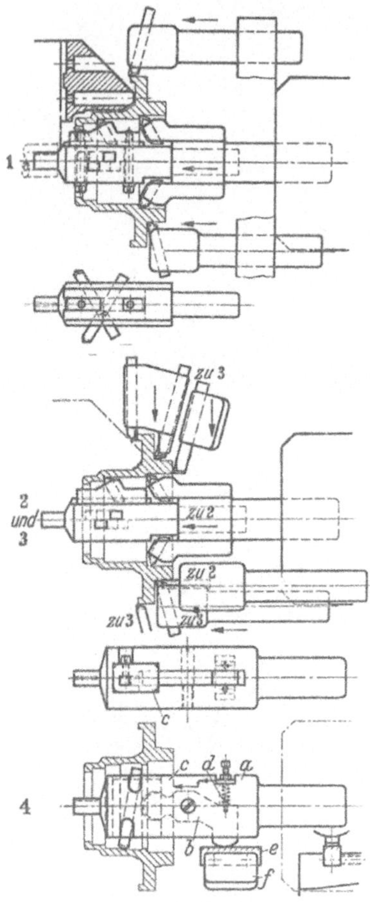

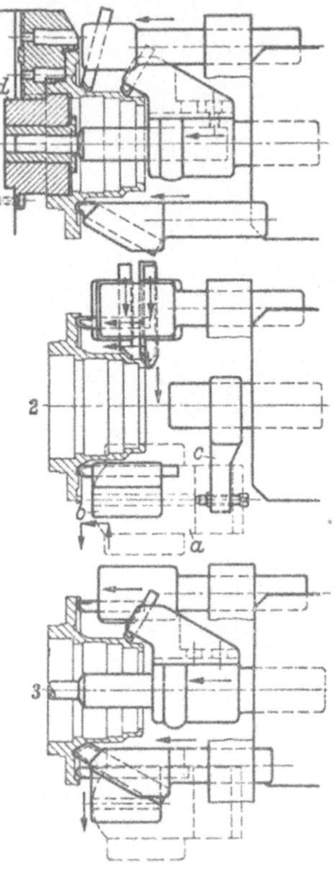

Abb. 130. Bearbeitung des Nabenkörpers. Zweite Einspannung. Aufnahme im Dreibackenfutter. Zentrierung durch Bundbüchse *d*.

1. Vom Revolver: Naben- ⌀ überdrehen und Stirnseite vorstechen.

2. Vom Revolver: Kanten anschrägen und Stirnseite vorstechen. Äußere Planfläche und Übergang drehen vom hinteren Querschlitten. Auf dem vorderen Querschlitten sitzt ein Werkzeughalter mit Querbewegung *a*, welches den Stahlhalter *b* trägt. Der Querschlitten fährt zunächst bei nach rechts zurückgezogenem Stahl so weit wie notwendig radial vor. Dann wird durch den Arm *c* am Revolver der Oberschieber *a* so weit nach links bewegt, bis der Stahl auf richtige Schnittiefe gekommen ist. Der Querschlitten geht dann langsam nach rückwärts und erzeugt dadurch die innere Planfläche.

3. Fertigdrehen des Innen- ⌀ am Flansch, Anschrägen der Übergänge vom Revolver.

Abb. 129.   Bearbeitung eines Nabenkörpers. Erste Einspannung. Aufnahme im Dreibackenfutter.

1. Vom Revolver: Bohrungen vordrehen, Außen- ⌀ und Nabe überdrehen.

2. Vom Revolver: Bohrungen fertigdrehen, Absatz an der Nabe drehen.

3. Außen- ⌀ und Naben- ⌀ fertigdrehen. Vom hinteren Querschlitten Planflächen drehen.

4. Drehen der Aussparung in der mittleren Bohrung. In dem Schafthalter *a* ist der Doppelhebel *b* schwenkbar gelagert. Das vordere runde Ende greift in den quer verschiebbaren Stahlträger *c* ein. Durch Feder *d* wird der Stahl stets zurückgezogen. Am Querschlitten ist in einem Halter *f* die Leiste *e* befestigt. Beim Beginn der Dreharbeit fährt der Querschlitten so weit vor, bis der Ausdrehstahl auf richtiges Maß eingestochen hat. Dann wird durch die Längsbewegung des Revolverschlittens die Aussparung gedreht, worauf anschließend der Querschlitten zurückgeht. Der Stahl kommt dadurch wieder außer Eingriff und der Revolver kann zurückgehen.

C. Halbautomat mit parallel zur Arbeitsspindel gelagertem Revolverkopf.

Zum Abschluß soll hier noch ergänzend zu dem unter A. beschriebenen Monforts Automaten die Neukonstruktion dieser Type gezeigt werden. Diese hat einen grundsätzlich anderen Aufbau, der schnelleres Einrichten und wesentlich feinere Arbeitstoleranzen ermöglicht.

44. Aufbau der Maschine. Abb. 129 zeigt das Schema des Arbeitsraumes des Automaten, der Futterteile bis 200 mm Durchmesser bearbeitet. Das Hauptmerkmal dieser Maschine ist der kreuzförmige, vierarmige Revolverkopf, dessen Achse unterhalb der Arbeitsspindel, parallel zu dieser, durch das gesamte Maschinengestell geführt ist. Die Verriegelung und Abstützung wird auf einfachste Weise und sehr genau durch eine Büchse am äußersten Ende eines jeden Armes bewirkt, die sich während der Bearbeitung über einen starren Führungsbolzen, am oberen Teil des Maschinengestelles verschiebt.

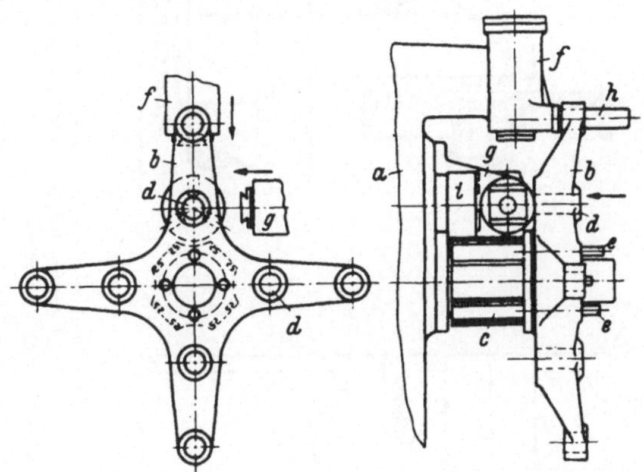

Abb. 129. Schema des Arbeitsraumes des neuen Halbautomaten. Monforts.

a Maschinengestell; *b* Revolverkreuz; *c* Aufspannflächen des Revolvers; *d* Aufnahmebohrung für Bohrwerkzeuge; *e* Anschlagschrauben für den Revolver; *f* oberer- und *g* hinterer Querschlitten; *h* Führungsbolzen für das Revolverkreuz; *i* Spannfutter auf der Arbeitsspindel.

Diese Führung hat mehr als den doppelten Abstand von der Revolverkopfachse als die Arbeitsspindel und sichert daher eine sehr hohe Genauigkeit und Starrheit beim Arbeiten.

Die vier Aufspannflächen des Revolverkopfes erstrecken sich bis unter das Werkstück, so daß die Außenbearbeitung mit sehr kräftigen Stählen, ohne Zwischenhalter erfolgen kann. Für Bohrwerkzeuge sind Aufnahmebohrungen fluchtend zur Hauptspindel vorgesehen.

Die beiden Querschlitten sind als Rundkörper ausgebildet, die sich in starr mit dem Maschinengestell verbundenen Führungsgehäusen verschieben.

Alle Bewegungen des Revolvers und der Querschlitten werden unabhängig voneinander hydraulisch gesteuert. Außer der leichten Einstellbarkeit hat die Hydraulik hier noch folgende Vorteile gegenüber den kurvengesteuerten Automaten: stufenlose Regelung, Verringerung des Maschinengewichtes durch Fortfall der mechanischen Vorschubgetriebe mit ihrem schlechten Wirkungsgrad und eine günstige Gestaltung des Arbeitsraumes in bezug auf freien Fall der Späne und bessere Zugänglichkeit zu den Werkzeugen.

Für die Arbeitsspindel steht der gesamte Drehzahlbereich stufenlos von 65 bis 1350 U/min bei jedem Arbeitsstück zur Verfügung. Dies wird durch ein PIV

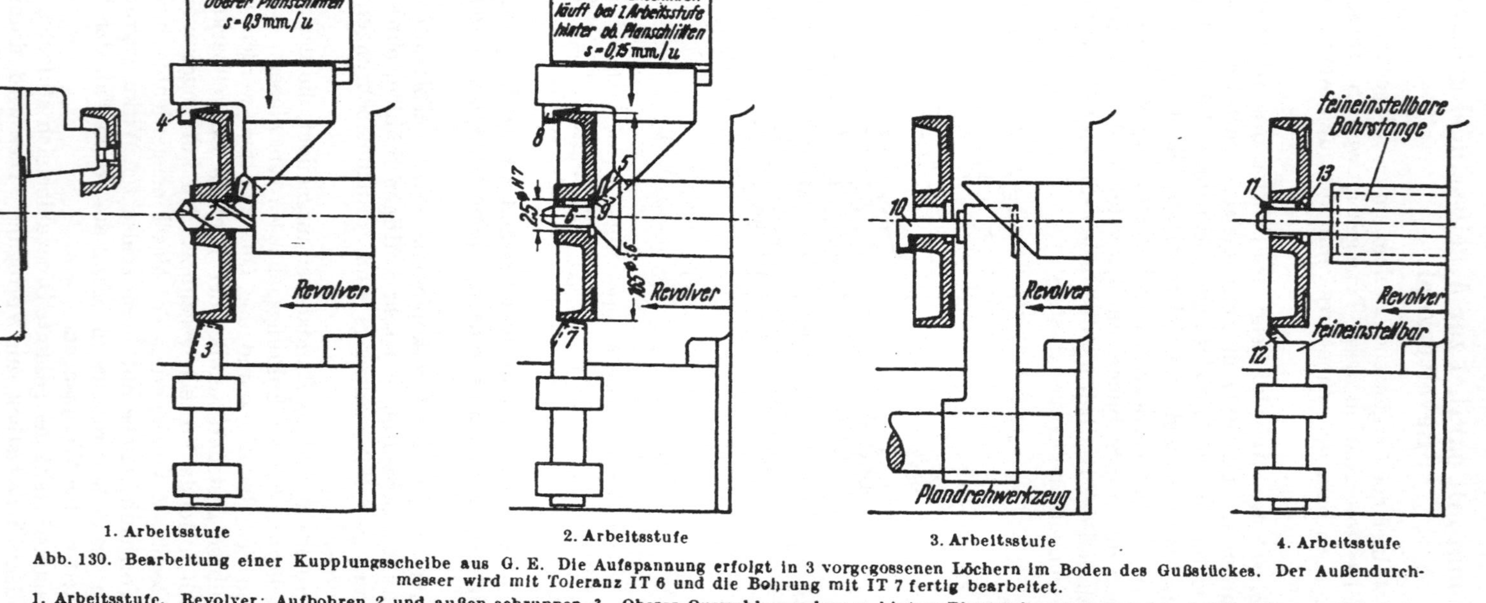

Abb. 130. Bearbeitung einer Kupplungsscheibe aus G. E. Die Aufspannung erfolgt in 3 vorgegossenen Löchern im Boden des Gußstückes. Der Außendurchmesser wird mit Toleranz IT 6 und die Bohrung mit IT 7 fertig bearbeitet.

1. Arbeitsstufe. Revolver: Aufbohren 2 und außen schruppen 3. Oberer Querschl.: vordere u. hintere Planfläche schruppen 1 u. 4, Spindeln $n = 140$ p/min.

2. Arbeitsstufe. Revolver: Bohrung schlichten 6 u. Einpaß drehen 9, außen schlichten 7, Hinterer Querschl.: vordere u. hintere Stirnfläche schlichten 5 u. 8. Siehe auch Abb. 131. Spindeln $n = 180$ p/min.

3. Arbeitsstufe. Revolver: hintere Nabenstirnfläche drehen 10 mit Sonderplandrehwerkzeug. Siehe auch Abb. 132. Spindel $n = 600$ p/min.

4. Arbeitsstufe. Revolver: Bohrung auf H7 fertig drehen 11 und anfasen, 13. Außendurchm. auf s6 drehen, 12. Spindel $n = 800$ u. 200 p/min. Stähle 11 u. 12 sind so angeordnet, daß sie nacheinander zum Schnitt kommen, um Beeinflussung zu vermeiden und die Spindeldrehzahl zu ändern.

Getriebe in Verbindung mit 2 Lamellenkupplungen erreicht. Da Drucköl vorhanden ist, wird auch das Spannfutter hydraulisch betätigt.

45. Werkzeugeinrichtungen. Anhand von zwei Arbeitsbeispielen soll nachstehend die Anordnung der Werkzeugeinrichtungen erläutert werden.

Die beiden Querschlitten sind so angeordnet, daß sie die Revolverwerkzeuge nicht behindern. Die Planwerkzeuge können daher beliebig in der Arbeitsfolge ein-

Abb. 131.   Abb. 132.

Abb. 131. 2. Arbeitsstufe für Beispiel nach Abb. 130.

Abb. 132. 3. Arbeitsstufe für Beispiel nach Abb. 130. Auf der Revolverfläche ist das, als Schwenkarm ausgebildete Plandrehwerkzeug sichtbar. Der Arm ist drehbar und längsverschiebbar gelagert und durch Federn in seiner Ausgangsstellung gehalten. Durch eine schräge Druckleiste wird der Stahl radial eingeschwenkt.

gesetzt werden und auch während mehrerer Revolverschaltungen fortlaufend arbeiten.

Auf den langen Aufspannflächen des Revolvers können außer den einfachen Überdrehstählen auch Formdreheinrichtungen für Innen- und Außenformen oder Einstiche aufgesetzt werden.

Die hohe Schaltgenauigkeit des Revolvers ermöglicht es, Bohrungen mit H7 Toleranz ohne Reiben fertig zu bearbeiten durch fein einstellbare Bohrstangen, wodurch Zeit und Werkzeugkosten eingespart werden. Entsprechend können auch Außendurchmesser auf ISA Qualität 7 oder 6 geschlichtet werden, wenn darauf geachtet wird, daß die Fertigstähle einzeln angreifen. Abb. 130, Arbeitsstufe 4, und Abb. 134 zeigen solche Werkzeuge.

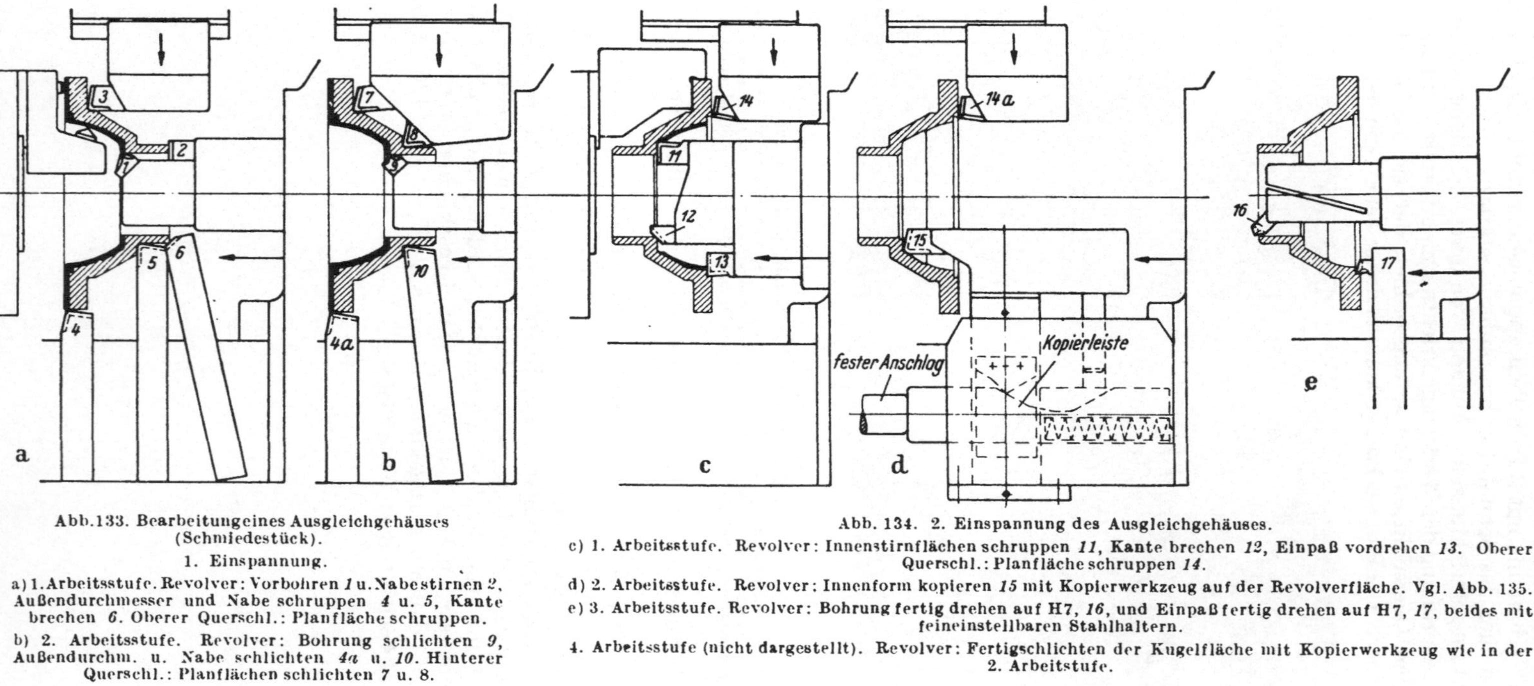

Abb. 133. Bearbeitung eines Ausgleichgehäuses (Schmiedestück).

1. Einspannung.

a) 1. Arbeitsstufe. Revolver: Vorbohren *1* u. Nabestirnen *2*. Außendurchmesser und Nabe schruppen *4* u. *5*, Kante brechen *6*. Oberer Querschl.: Planfläche schruppen.

b) 2. Arbeitsstufe. Revolver: Bohrung schlichten *9*, Außendurchm. u. Nabe schlichten *4a* u. *10*. Hinterer Querschl.: Planflächen schlichten *7* u. *8*.

Abb. 134. 2. Einspannung des Ausgleichgehäuses.

c) 1. Arbeitsstufe. Revolver: Innenstirnflächen schruppen *11*, Kante brechen *12*, Einpaß vordrehen *13*. Oberer Querschl.: Planfläche schruppen *14*.

d) 2. Arbeitsstufe. Revolver: Innenform kopieren *15* mit Kopierwerkzeug auf der Revolverfläche. Vgl. Abb. 135.

e) 3. Arbeitsstufe. Revolver: Bohrung fertig drehen auf H7, *16*, und Einpaß fertig drehen auf H7, *17*, beides mit feineinstellbaren Stahlhaltern.

4. Arbeitsstufe (nicht dargestellt). Revolver: Fertigschlichten der Kugelfläche mit Kopierwerkzeug wie in der 2. Arbeitstufe.

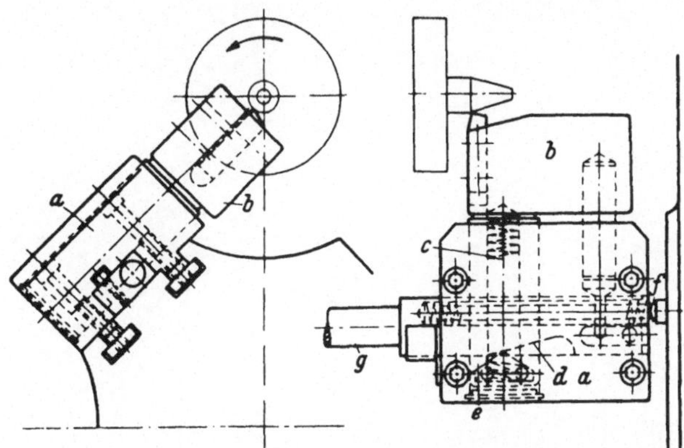

Abb. 135. Kopierwerkzeug für Außenformen. Dieses Sonderwerkzeug wird auf der Revolverfläche befestigt und wirkt ähnlich, wie das in Abb. 134 gezeigt.

a Führungsgehäuse; *b* Stahlhalter, in *a* geführt; *c* Druckfeder, verschiebt den Stahlhalter radial gegen das Formlineal *d*; *e* Druckstück; *f* Druckfeder, drückt das Formlineal gegen Anschlag *g*, der am Maschinengestell festgehalten wird und dadurch beim Vorgehen des Revolvers das Lineal festhält, während sich das Gehäuse *a* mit dem Stahlhalter darüber schiebt.

(Fortsetzung 4. Umschlagseite)